网络空间安全科学与技术丛书

数字媒体取证学原理与应用实践

孙锬锋 许 可 李 斌 王金伟 邱卫东 ◎ 编著

人民邮电出版社
北京

图书在版编目（CIP）数据

数字媒体取证学原理与应用实践 / 孙锬锋等编著
. -- 北京 : 人民邮电出版社, 2024.9
（网络空间安全科学与技术丛书）
ISBN 978-7-115-61650-0

Ⅰ. ①数… Ⅱ. ①孙… Ⅲ. ①数字技术－多媒体技术
－研究 Ⅳ. ①TP37

中国国家版本馆CIP数据核字(2023)第069523号

内容提要

本书详细介绍了数字媒体取证学的原理和实践应用，共 9 章。第 1 章介绍了取证学的起源与历史发展，数字媒体取证学的概念、分类及现存问题等。第 2 章介绍了数字媒体取证学的科学问题和相关模型。第 3 章针对数字音频篡改攻击种类和攻击原理展开介绍。第 4 章针对数字图像篡改攻击种类和攻击原理展开介绍。第 5 章针对数字视频篡改攻击种类和攻击原理展开介绍。第 6 章针对攻击后数字音频取证技术展开实际案例分析。第 7 章针对攻击后数字图像取证技术展开实际案例分析。第 8 章针对攻击后数字视频取证技术展开实际案例分析。第 9 章总结数字媒体取证学的特色、局限性和发展趋势。

本书的主要读者对象为网络空间（信息）安全专业、人工智能专业、计算机专业、自动化专业等高年级本科生、研究生，科研院所的科技工作者。同时，本书也可供对数字媒体取证领域感兴趣的其他读者阅读。

◆ 编　　著　孙锬锋　许　可　李　斌　王金伟　邱卫东
　责任编辑　张亚晓
　责任印制　马振武
◆ 人民邮电出版社出版发行　　北京市丰台区成寿寺路 11 号
　邮编　100164　　电子邮件　315@ptpress.com.cn
　网址　https://www.ptpress.com.cn
　北京盛通印刷股份有限公司印刷
◆ 开本：787×1092　1/16
　印张：10　　　　　　　2024 年 9 月第 1 版
　字数：237 千字　　　　2024 年 12 月北京第 2 次印刷

定价：119.80 元

读者服务热线：(010) 53913866　印装质量热线：(010) 81055316
反盗版热线：(010) 81055315

前言

随着以互联网通信、5G通信、卫星通信等为代表的数字通信网络与信息处理技术迅速发展，从早期的数字文档、数字音频，到数字图像、数字视频，再到数字AR/VR媒体、元宇宙/孪生数字媒体，各种数字媒体得到了井喷式发展和应用。随着人工智能技术的崛起，各种数字媒体的非法编辑、凭空伪造等问题，成为主流传统媒体和新兴社交媒体中的焦点问题。人们在面对海量的新闻信息和社交信息媒体，尤其是图片类和视频类媒体时，往往容易轻信其内容。但在当下各类技术加持下，常见的数字媒体并不一定真实可信！被别有用心的人使用编辑技术处理后，原本信息的真实含义被篡改，这不仅破坏了社会经济的稳定运行，也破坏了国家和公民的信誉。

网络空间（信息）安全专业、人工智能专业、计算机专业等从业人员，有责任和义务保护公民个人财产、名誉安全。本书全面跟踪和归纳数字媒体面临的编辑、篡改、伪造等攻击的威胁来源和技术特点，提出一套应对不同数字媒体编辑、篡改、伪造的防御体系和检测技术框架，从取证学理论基础到实践案例教学，深度解析数字媒体编辑、篡改、伪造等攻击特性，建立与之对应的有效检测和防御方法，为我国信息安全领域培养安全类型人才的教学理论体系做出一定的贡献。

本书作者都是在数字信息安全领域和人工智能领域具有丰富教学和科研实践经验的专家。上海交通大学信息安全与认知实验室的孙锬锋教授、许可副研究员、邱卫东教授带领研究生团队参与编写了第1、2、5、8、9章，深圳大学媒体信息内容安全重点实验室的李斌教授参与编写了第3、6章，南京信息工程大学王金伟教授带领信息安全团队参与编写了第4、7章。全书由孙锬锋教授统稿。本书的编写还得到人民邮电出版社的大力支持，在此表示衷心感谢。

特别感谢上海交通大学信息安全与认知实验室的米中杰博士生、赵泽宇博士生、侯世杰博士生，王若辰硕士生、马浩天硕士生；香港城市大学的许强博士后；深圳大学的许裕雄博士生和黄远坤博士；南京信息工程大学的张家伟博士生、王昊博士生，程鑫硕士生、黄琬云硕士生、王海桦硕士生、王伟硕士生等。他们为本书的调研、材料收集、撰写、排版纠错做了大量的工作，同时结合自身研究实际，为本书的内容提出了大量建设性建议。

本书获得国家一流网络安全学院建设示范项目专项经费资助（特别鸣谢上海交通大学网络空间安全学院），同时获得国家自然科学基金（62272297）、广东省自然科学基金（2019B151502001）、深圳市基础研究项目（JCYJ20200109105008228）资助和支持。

由于时间比较仓促，书中遗漏和不妥之处在所难免，还望读者批评指正。

作者

2024年1月

目 录

第1章 绪论

1.1 取证学的起源与历史发展

在古代汉语中，“取证”的意思是寻取证据。据史书考证，“取证”一词最早出现于公元266—312年，即在《刑礼论》：“览众所抵，精思构微，迭为先后，文若荣繁；翩然相反，岂彼系未存厥中？尝试稽之天地，考之人事，旁贯品物，综核彝伦，而刑礼之旨，可略言也。盖刑礼之本，经纬阴阳，拟则乾坤；先王所以化民理物，兴国济治也。或者取证于《春秋》，有意乎寻本以综末。”中，这是我国现代使用的“司法取证”一词的最早可溯时间。此时，“取证”一词泛指对文字出处来源的追溯方法，并未形成专用的技术体系，更没有成为一门学科。

在英文中，“Forensics”对应中文“取证”一词，来源于拉丁语，意思为“法庭的论坛”，目前通常指现代司法领域的证据获取。这个词的最初出处不详。

《中华人民共和国刑事诉讼法》把证据分为8类：物证，书证，证人证言，被害人陈述，犯罪嫌疑人、被告人供述和辩解，鉴定意见，勘验、检查、辨认、侦查实验等笔录，视听资料、电子数据。现代取证技术应用越来越广泛，在司法领域、公安领域、法医领域、医疗领域等中均有涉及，目前已经形成一门独特的技术，被称为“物证技术”。物证技术是对案件中可能成为物证的物品、物质、文书和痕迹进行发现、识别、记录、提取和鉴定所利用的各种科学方法的总称，一般包括痕迹检验技术、文件检验技术、照相录像检测技术、微量物证检测技术等。物证技术是以辩证唯物主义认识论为指导，将物理学、化学、生物学、文字学等科学技术方法和物证检验手段相结合的综合性检测方法。本书所讲内容是该技术的分支，理论研究内容和方法论是自成体系的。

下面对数字取证技术领域进行介绍和差异性分析。

1.2 电子（数字）取证技术的概述

电子取证（Electronic Forensics）是将科学调查技术应用于数字犯罪和攻击领域的一种综合技术。它是针对国家司法公正、商业经济利益、个人名誉隐私等方面在数字信息时代下的重要安全防护技术之一，是一个新兴的信息安全防护研究领域[1-2]。这里面讲到的“电子”一词与“数字”一词并不完全相同，“电子”一词的范围更加宽泛，泛指模拟信号和数字信号，如磁带上保存的电子模拟数据等。在很多场合，由于模拟信号数据正在逐渐被数字信号数据代替，“电子取证”和“数字取证”这两个词的边界正在慢慢消失。

在司法领域中，数字取证的一种常用定义为：“数字证据的识别、保存、检查和分析，使用经过科学认可和验证的过程，并在法庭上最终呈现该证据以回答某些法律问题。”这是一个清晰的定义，但并不完整，如有时网络攻击取证、数字图片新闻真实性分析等并不涉及执法或司法场景，但也属于数字取证范畴。

我们尝试定义一种更加广义的数字取证概念：“针对所有数字形式的信息载体，如数字文本、数字图像、数字视频、数字音频、程序代码、网络日志文件、数字行为轨迹等，使用科学的理论方法和工程技术对其原始性、真实性、唯一性进行发现、提取、检验、鉴定、攻击溯源的方法的统称。”该技术涉及数字信号处理、信息论、高等数学、概率论与统计学、矩阵理论、图论、数学形态学、数字音频处理、数字图像处理、机器学习、人工智能、密码学等学科。

数字取证技术是一种综合门类的技术，针对全部的数字形式的信息载体。随着研究的不断深入，该技术正在细分出更多的研究方向，如计算机物理取证学、计算机数字取证学、数字媒体取证学等。

1.2.1 电子（数字）取证学的简史

1932 年，美国联邦调查局（FBI）建立了一个实验室，为美国所有现场代理人和其他法律机构提供取证服务。在 20 世纪七八十年代，电子（数字）取证对象是数据存储领域，此时的数据多被存储在磁盘和磁带上（即模拟数据），数据存储管理不完善，存在数据被窃取和篡改的风险，执法人员需要从海量数据中发现、保留和分析嫌疑人的（模拟数据）文件，因此电子（数字）取证技术得到了飞速发展。1984 年，美国联邦调查局启动了磁介质计划（Magnetic Media Program），专注于数字记录，这是执法机构的第一个官方数字取证计划。与此同时，许多用于追踪和识别黑客入侵计算机系统的技术得到了关注，世界上第一个蜜罐陷阱就此诞生。2002 年，数字取证科学组（SWGDE）出版了第一本有关电子（数字）取证的书，名为《计算机取证的最佳实践》。面对电子（数字）取证技术缺乏规范管理的问题，2006 年，美国政府对"民事诉讼规则"进行了全面改革，以实施强制性的电子（数字）取证制度。我国于 2005 年通过的《全国人民代表大会常务委员会关于司法鉴定管理问题的决定》（以下简称《决定》）从国家基本法律层面对电子数据鉴定遵守技术标准的义务进行了明确规定，即"鉴定人和鉴定机构从事司法鉴定业务，应当遵守法律、法规，遵守职业道德和职业纪律，尊重科学，遵守技术操作规范。"2005 年，《公安机关电子数据鉴定规则》（公信安〔2005〕281 号）明确指出鉴定人的权利与义务；同年，《公安机关鉴定机构登记管理办法》（公安部令第 83 号）明确将鉴定机构遵守技术标准的情况纳入公安登记管理部门年度考核的内容；2007 年，《司法鉴定程序通则》（司法部令第 107 号）对鉴定人遵守和采用技术标准和技术规范问题进行了详细的要求等；2016 年 3 月，司法发布了修订后的《司法鉴定程序通则》（司法部令第 132 号）。2016 年 9 月，由最高人民法院、最高人民检察院、公安部联合颁发的《关于办理刑事案件收集提取和审查判断电子数据若干问题的规定》第一次就电子数据这一特殊证据种类的收集提取和审查判断等方面进行了系统规定[3-6]。

随着互联网全面数字化的"信息革命风暴"来临，模拟信号逐渐减少，数字信号（信息）的数量和规模日益膨胀，电子（数字）取证学也进入了全新的时代，即数字取证学的时代。前面已经讲过，数字信号的普及和迅猛发展，使得数字取证技术飞速发展，并开始向更细致的分支技术发展。电子（数字）取证学发展简史如图 1-1 所示。

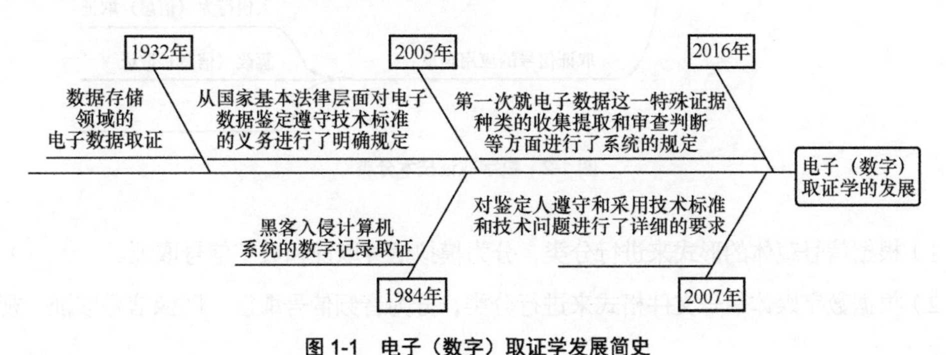

图 1-1　电子（数字）取证学发展简史

1.2.2　数字取证技术的分类

从上述电子（数字）取证学的发展过程可以看到，信号载体形式从早期以模拟信号为主逐渐转化为以数字信号为主[7-8]，因此，本书主要针对数字信号（信息）取证进行介绍和研究。下面介绍数字取证技术的几种分类方法，如图 1-2 所示。

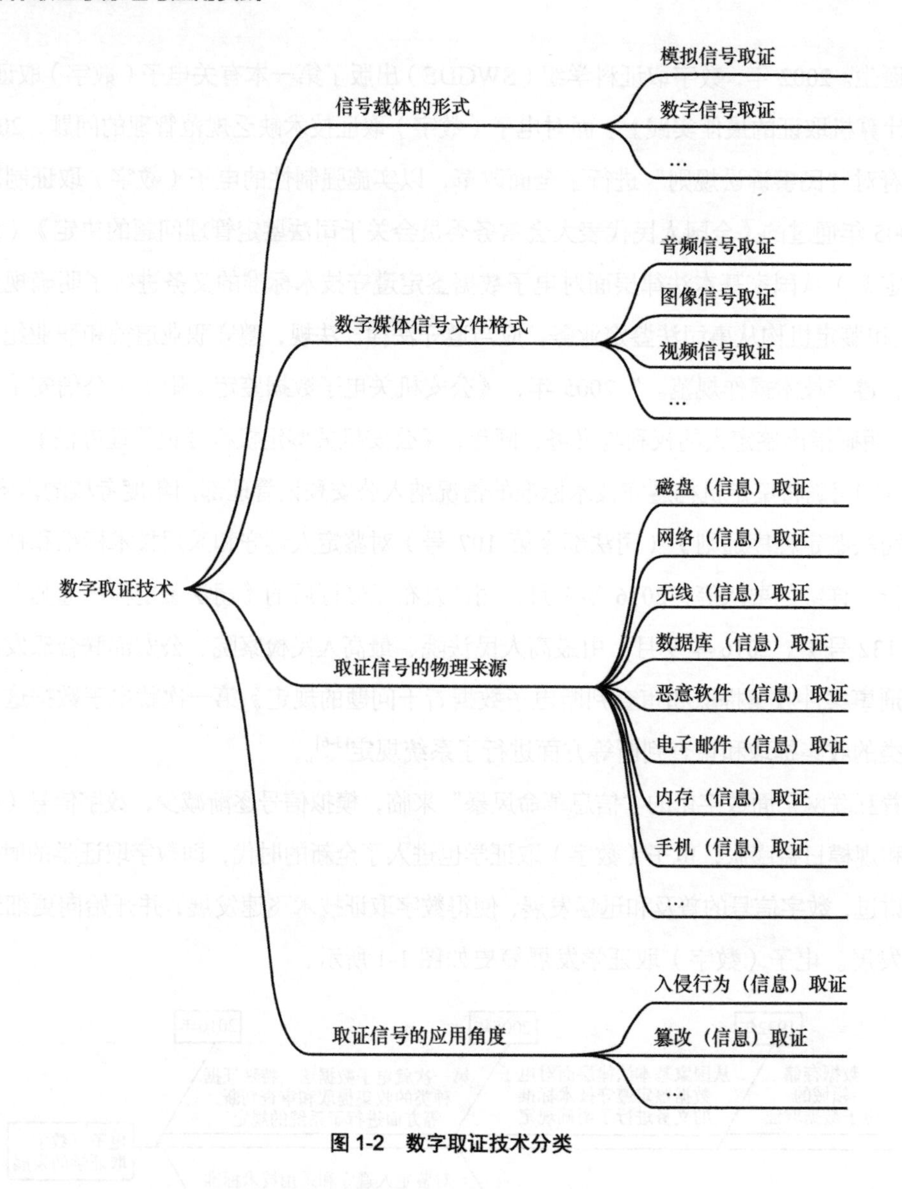

图 1-2　数字取证技术分类

（1）根据信号载体的形式来进行分类，分为模拟信号取证和数字信号取证。

（2）根据数字媒体信号文件格式来进行分类，分为音频信号取证、图像信号取证、视频信号取证。

（3）根据取证信号的物理来源进行分类，具体分类如下。

磁盘（信息）取证：搜索磁盘中的访问痕迹、已修改或已删除的文件等，从存储介质中提取数据。

网络（信息）取证：监视和分析计算机网络流量，以收集重要信息和法律证据。

无线（信息）取证：收集和分析来自无线网络流量的数据。

数据库（信息）取证：研究和检查数据库及其相关元数据。

恶意软件（信息）取证：负责识别恶意代码，以研究其有效负载、病毒等。

电子邮件（信息）取证：对电子邮件的恢复和分析，包括已删除的电子邮件、日历和联系人。

内存（信息）取证：以原始形式从系统内存（如系统寄存器、缓存、随机存储器（RAM））中收集数据。

手机（信息）取证：主要包括对移动设备的检查和分析，有助于检索电话和 SIM 卡联系人、呼叫日志、传入和传出的短信/彩信（SMS/MMS）、音频、视频等。

（4）从取证信号的应用角度进行分类，具体分类如下。

入侵行为（信息）取证：主要包括对黑客等非法入侵计算机系统后使用的攻击方法、攻击路径、访问文件类型、修改或删除的数据、掩盖入侵痕迹方法等的检查与分析。

篡改（信息）取证：主要包括对重新编辑数字信息内容的各种操作痕迹的发现，如操作方法的类型、篡改数据恢复、篡改过程溯源等。

1.2.3 数字取证的优缺点

1. 数字取证的优点

（1）确保计算机系统的完整性。

（2）在法庭上出示证据，可能会使肇事者受到惩罚。

（3）如果计算机系统或网络受到威胁，它可以帮助公司捕获重要信息。

（4）从世界上任何地方有效地追踪网络犯罪分子。

（5）帮助保护组织的金钱和宝贵的时间。

（6）允许提取、处理和解释事实证据，因此可以在法庭上证明网络犯罪行为。

2. 数字取证的缺点

（1）数字证据已被法院接受。但是，必须证明数字证据没有被篡改。

（2）制作电子记录并将其存储非常昂贵。

（3）法律从业者必须具有广泛的计算机知识。

（4）需要出示真实且令人信服的证据。

（5）如果用于数字取证的工具不符合指定的标准，那么在法院，证据可能会被司法拒绝。

（6）调查人员缺乏技术知识可能无法提供预期的结果。

1.2.4 数字取证的瓶颈问题

目前数字取证领域面临着诸多挑战，其瓶颈问题如下。

（1）数字信息来源广泛且拍摄设备信息不详，如个人计算机、手机、智能终端等的数量呈几何增加和互联网、社交 App 对数字信息的广泛使用。

（2）数字信息编辑工具多样且能力越来越强，如黑客工具，各种图像、视频、音频编辑工具，深度学习伪造工具等。

（3）每天成千上万太字节的数字信息使调查工作变得异常困难。

（4）新型数字编辑或攻击技术日新月异，防御技术和工具的发展与更新严重滞后。

海量数据的爆炸式增长使得数字取证变成了一个极具挑战性的方法。数字取证不仅面临数据来源复杂、数据处理工具多样化、攻击算法不断更新、智能化方法加持等诸多挑战性问题，相关理论更是缺乏具有鲁棒性、通用性的取证学体系和方法论。在这样复杂的背景下，科研人员不断细化研究领域，针对更加具有代表性的数字媒体被篡改问题，展开了专门领域的理论基础研究和普适性算法开发，从而使得本书内容可以获得丰富的基础理论支撑和方法集合。

近年来，恶意伪造新闻在西方媒体中广泛出现，影响了人们对真实信息的获取，误导了人们的认知和舆情。尤其西方国家恶意造谣、诽谤、诋毁我国政体、经济发展，以及人民幸福生活，通过对各种图片、视频等数字媒体的再编辑，以恶意拼接、修改、造假等形式来制造假新闻，从而导致更多人对我国正常经济发展产生极大误解。数字媒体安全对国家信息安全、社会稳定、经济发展，以及个人的隐私保护等问题具有重要的保护作用。本书重点梳理数字媒体取证学的基础理论和方法论，总结和归纳该领域近年来的学术成果和理论基础。

1.3 数字媒体取证学的概述

上述电子（数字）取证技术是一个非常宽泛的技术总称，涵盖了从物理取证到数字取证的各种形式，也涵盖了从模拟载体到数字载体的多种信息载体形式。从以经验为主的人工物理取证过程，进入基于计算机技术的数字取证过程，这是一个持续了上千年的学科体系，而且随着技术的迭代和信息化的发展，电子（数字）取证呈现出了新的生机和新的问题。其中专门针对以数字媒体为载体的安全检测技术，即数字媒体取证学正是在这一背景下产生的新生科学和崭新学科。

1.3.1 数字媒体取证学的概念与科学问题

本书对数字媒体取证学进行描述。数字媒体取证学是一门针对数字媒体自身安全性，即原始性、真实性、唯一性（“三性”），展开科学技术的发现、检测、鉴定、溯源的学科。

该学科的科学问题具体如下：

（1）数字媒体的原始性检测问题；

（2）数字媒体的真实性鉴定问题；

（3）数字媒体的唯一性检测问题；

（4）数字媒体攻击方法类型的发现问题；

（5）数字媒体攻击方法的溯源问题；

（6）数字媒体攻击的恢复问题。

1.3.2 数字媒体取证学的内涵与外延

数字媒体取证学的内涵如下。

通过数学工具，如空间特征模型、空时频率模型、统计特征模型、机器学习模型等，检测数字媒体空时域和频率域等出现的异常统计分布问题，如边缘梯度不一致、纹理分布不一致、直方图统计模式不一致等，发现数字媒体中异常断点或者异常分布数据，从而检测、鉴定数字媒体可能存在的攻击类型和攻击位置，以及攻击方法的可逆问题和溯源问题等。

数字媒体取证学的外延如下。

除了空时域自身数据异常分析，数字媒体取证学还可以利用机器学习方法，对异常样本进行训练学习，如支持向量机（SVM）分类器、卷积神经网络（CNN）等，利用分类器中大量的滤波器训练出自适应的识别器，从而拓展数字媒体取证解决方法的范畴。

1.3.3 数字媒体取证技术分类

从数字媒体取证技术（分类如图 1-3 所示）的发展来看，从早期的主动取证技术到后来的被动取证技术，从传统人工特征模型检测方法到深度学习（DL）模型等自动检测方法，数字媒体取证技术正适用于越来越多的应用场景。近些年来，随着人工智能（AI）方法加入攻击手段，如样本对抗攻击技术等，数字媒体取证的难度再次增加，与之对应的取证技术也要随之变化。该技术正在对抗与防御两个层面展开博弈。

数字媒体取证技术可以分为两大类，具体如下。

（1）主动取证技术：利用密码学、数字签名、数字水印技术对原始媒体进行处理，在接收端通过相应的密码解密，进行散列值对比，使用数字水印检测技术恢复原始媒体或者提取版权信息的技术的统称。

该技术的优点：版权信息可以多样化，既可以是文本，也可以是图片、代码数据等；隐藏到媒体中不易被察觉；可反复验证；抗攻击性较好。

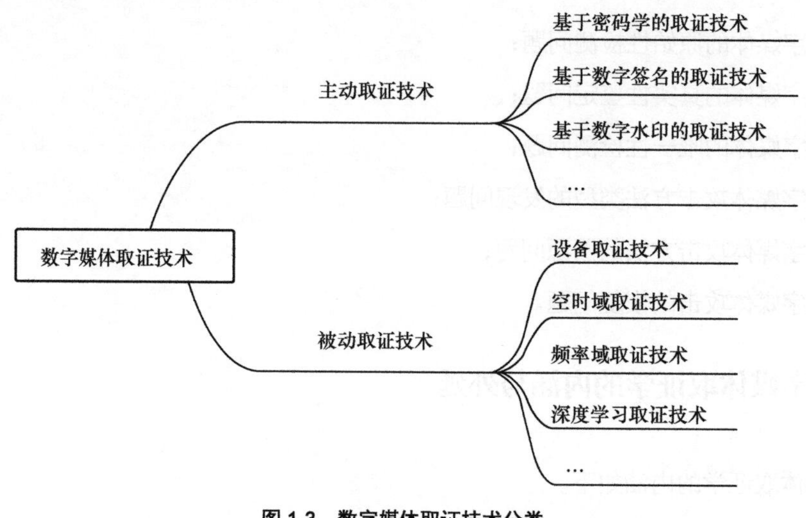

图 1-3　数字媒体取证技术分类

该技术的缺点：可能破坏原始文件的原始性；需要获取原始文件；需要第三方认证机构注册及鉴定。

（2）被动取证技术：利用空时特征模型、统计概率分析、机器学习等方法对数字媒体中的数据分布规律进行建模、提取、分类、识别，发现异常分布模式或者异常断点，即可判断数字媒体的“三性”问题。

该技术的优点：不需要任何数字媒体的先验知识，使用范围广泛；可以利用各种被动分析方法枚举分析，有利于发现不同的攻击方法；可以利用机器学习网络自主学习攻击模式，检测准确率更高；可识别多种攻击方法模式，可定位攻击位置，可溯源攻击过程。

该技术的缺点：取证的特征模型设计复杂，高效、普适的特征模型较少；使用人工智能方法学习媒体攻击方法可能无法收敛，需要大量攻击样本数据驱动模型等。

1.3.4　主动取证技术分类

（1）基于密码学的取证技术

利用密码学技术对数字文件（音频、图像、视频等）进行加密操作。在接收端利用密钥对加密内容进行解密恢复。

该技术的优点：密码学提供了可靠的加密算法，通过不同的密钥长度可以提供多种密级保护。

该技术的缺点：密钥需要单独分布的渠道；密钥解密后的数字媒体可以被随意复制使用；密钥对海量视频的处理效率较低等。只能判断加密文件是否被破坏，被劫持或者被暴力破解后，文件无法被保护。

（2）基于数字签名的取证技术

利用非对称加密技术对数字媒体中重要的特征进行加密，将生成的散列值保存到数字媒体的边信息中或者隐藏到数字媒体中。在接收端，首先利用可逆算法提取出散列值，同时提取数字媒体的重要特征，并利用公钥对特征进行散列运算，获得新的散列值，然后对比前后两个散列值的相似度，鉴定数字媒体的真实性[9-11]。

该技术的优点：散列值计算效率高于密码方法，公钥的传输不需要特殊的通道。

该技术的缺点：数字签名信息可能被复制滥用，数字签名信息容易被删除，数字签名技术无法判断篡改方法的类型和位置。

（3）基于数字水印的取证技术

在数字媒体中隐藏一个或多个特殊的二进制字符串（可以与媒体相关，也可以与媒体无关）作为版权信息。在法庭或其他验证场景下，需要根据检测算法和密钥，提取出完整的版权信息作为真实性证据[12-13]。

该技术的优点：版权信息不易被察觉，安全性好；水印鲁棒性良好，抗失真性能良好；脆弱水印对攻击敏感，可以检测攻击位置；算法成本低。

该技术的缺点：水印可能被联合攻击；水印容易被多重叠加，导致版权信息模糊；水印算法一旦被泄露，容易被移除或者被混淆攻击。

1.3.5 被动取证技术分类

（1）设备取证技术

每一个数字信息都需要一个硬件设备（如音频采集设备、超声采集设备、数字摄像机等）进行采集、A/D（模数转换）、量化、编码等一系列过程，形成最终的数字文件。每一个硬件设备都是由多个器件单元构成的，有光学的、声学的、电气的等，尤其物理上每个器件不可能完美无缺，因此会形成非常特殊的电子指纹特性。利用这种电子指纹特性，就可以从数字媒体信息中找到对应硬件采集设备，也就完成了溯源。

该技术的优点：可以从数字媒体文件中逆向找到拍摄设备，这一技术对司法取证、公安技侦、重拍摄溯源等应用具有现实意义。

该技术的缺点：该技术需要对硬件拍摄设备的电子指纹建设数据库才能完成匹配的任务，且硬件设备数量巨大，建设、更新和维护的难度极大。

（2）空时域取证技术

无论是音频信息还是视频信息，都可以被看作一维信号或者高维信号，且信号具有空时关联性，即在空间上和时间上的特征变化趋势一致性或能量相似性等特性。在一个时间较短、空间较小的空时立方体内，对于相同目标而言，具有能量相似性、变化一致性等特性；对于不同目标而言，具有明显的边界梯度不一致特性。因此，可以充分利用这一特性来证明前景或背景一致性，如果发现不一致，则大概率发生了重编辑或者篡改行为。

该技术的优点：空时域取证技术的取证方法比较简单，体现了信号的物理、几何特性，对破坏这一特性的编辑和篡改十分敏感，效果明显。

该技术的缺点：破坏空时域特性的不仅仅是重编辑，一些不当的预处理方法导致的残留噪声或者编解码引起的噪声往往也会造成被动取证检测技术等的误判。

（3）频率域取证技术

变换域处理是多媒体处理技术中最常见的方法之一，包括频率变换域、离散余弦变换域、离散正弦变换域、离散小波变换域、离散哈达玛变换域等诸多变换方法。其本质是对空时域信号进行其他变换域的变换映射，使其光能量分布形式具有一定规律性，如对一幅图像进行傅里叶变换，使其变换为频率域图像。无论是数字音频、图像还是视频，都是一种能量分布，如光强分布、音强分布等。例如，在空时域内，更多体现的是能量离散分布的一种特性，如边缘就是一种最明显的光照梯度变化的特征。换个角度来看，如对图像进行离散傅里叶变换，就是对各个频率的像素点进行统计后的分布处理。低频信号代表着能量集中的分布区域，高频信号代表着边缘、纹理和噪声等分布区域。通过频域变换的方法，可以发现在待检测图像中出现孤立的频率信号，或者不同频率的分布出现了异常信号模式等，这些异常点或异常信号模式往往对应的是目标的物理和几何关系的突变关系，也就是“编辑痕迹”的可疑区域。

该技术的优点：采用变换域的方法可以使得人眼无法感知的低频能量变化和高频细节变化更加显著，异常信号模式和异常点更加容易被检测，尤其是经过各种滤波器处理后，残留的孤立噪点模式、非常规异常分布模式等变得更加清晰。此方法是空时域检测方法的有效补充。

该技术的缺点：该方法对噪声模式十分敏感，也就是说变换之前必须充分去噪，否则对结果判断影响较大。信号变换过程一般是有损过程，除了造成截断误差和量化误差失真，可能会引入新的噪声模型。此类失真模型可能造成检测结果不准确等新问题出现。

（4）深度学习取证技术

无论是机器学习还是深度学习模型方法，都是对更加复杂的、海量的媒体数据进行有监督学习的方法。传统数字媒体取证方法存在着一定的局限性，如特征模型建模难、深度学习伪造方法使得检测难度增加等问题。因此，需要深入研究深度学习模型的结构和参数设置，来尝试解决重编辑媒体的编辑痕迹发现问题[14-15]。

该技术的优点：可以直接根据正样本数据进行学习，样本所覆盖的重编辑或篡改类型，基本上可以识别，因此适用的范围更加广泛。

该技术的缺点：对标注样本的正确性和数量依赖性较高。深度学习模型结构的复杂度较高，参数规模较大，训练过程周期较长，且泛化能力有待进一步提高。

1.4 数字媒体取证学解决3类安全性问题

数字媒体取证学面临3类安全性问题挑战，即数字媒体数据域安全性、数字媒体编码域安全性和数字媒体内容域安全性。这3类安全性问题彼此之间既具有一定的联系，又具有一定的独立性。目前已经有大量的专用取证算法，但是通用的取证算法还有待进一步研究和探索。

1.4.1 数字媒体数据域安全性

数字媒体从本质上来讲就是一串由“0”“1”组合而成的二进制字符串，是一种非结构化的数据。我们从自然界获取的多媒体信息最终被存储为此类型文件，此类型文件在编辑技术上很容易被修改和替换部分信息，如使用二进制编辑工具。因此，将在数字媒体数据码流域直接进行编辑操作的攻击视为“数据域安全”攻击，这种攻击需要非常强的技巧性，否则在恢复数字媒体时，会带来意想不到的“可听”或“可视”的内容破坏效果。此类数据域用来隐藏秘密消息或者作为阈下信道来传输版权信息都具有良好的隐藏性。反之，此类技术被恶意使用就会成为安全隐患和安全威胁。

1.4.2 数字媒体编码域安全性

数字媒体编码域即原始光电转化或声电转化等，再经过各种量化、编码的过程，生成有一定能量统计分布规律的、一定结构化的、去冗余后的数字信号域。在这个数字信号域中依然存在着一定的冗余性和阈下信道，只要掌握了这种冗余性和阈下信道，就可以进行秘密修改和携带隐藏信息。同时，可以针对局部的纹理区域或者边界梯度进行一些微操作，把攻击带来的变化与编解码失真混淆成一体，去欺骗取证方法。在此域内的各种编辑操作，会为数字媒体分析带来以假乱真的效果，分析其内容真实性的难度较大。

1.4.3 数字媒体内容域安全性

数字媒体将最终呈现在人类的感知器官之下，无论是声音还是画面，都会被人类感知和理解。但是人类对声音和画面的感知能力并不是一个精度非常高的系统，如人类听觉系统有最小和最大听觉极限，人类视觉系统有最小和最大的视觉极限。针对人类感知极限的攻击方法和编辑方法，很容易被人们忽视。即使是计算机在对数字媒体内容进行更高分辨率的分析时，也往往容易把精心设计的攻击与各种噪声分开。在这种情况下，攻击者往往会利用人类感知的极限和机器感知的缺陷来设计攻击的区域或者将攻击伪装成噪声，从而欺骗现有的检测系统和检测算法。

综上所述，数字媒体取证学要解决 3 类安全性问题，即数字媒体数据域安全性、数字编码域安全性及数字媒体内容域安全性。

1.5 现存问题总结

对电子（数字）信号领域的各种编辑是人类拓展认知和感知这个物理世界的手段和方法。但是数字信号领域是一个物理世界的二维或者高维投影，这种投影往往是多对一的投影，物理、几何关系在投影中得到一定程度的保留，也遭到一定程度的破坏。机器听觉、视觉、感觉是对人类仿真的结果，其效果往往是逼近的，但达不到人类传感器的整体水平。但是，机器分析方法往往比人类感知更加精确、可控。在人类的生产和生活中，机器代替人来进行简单劳动往往更加安全可靠。因此，人类感知系统和机器感知系统之间存在着联系和差异。本书聚焦在数字媒体相关领域，研究数字媒体自身安全性问题和遭遇攻击后的取证检测、溯源等技术问题。

1.5.1 理论层面的问题

数字媒体取证学的理论体系和方法论目前还在不断完善中。数字媒体取证学涉及数字信号处理、信息论、高等数学、概率论与统计学、矩阵理论、数学、形态学、图论、机器学习、人工智能等诸多学科。数字媒体取证学是一门综合性学科。数字媒体取证学随着新技术的不断发展，不断涌现新的攻击方法和编辑方法，也使得该学科所面对的科学问题不断变化。目前，传统的数字媒体取证学的科学问题和方法论已经基本成熟。随着针对新型的编辑技术、编解码技术、攻击工具等的出现，本理论体系的空白和方法边界会不断完善。理论问题是一个动态范围，而理论体系也是一个动态体系，是围绕着核心问题不断完善方法的过程。

1.5.2 技术层面的问题

技术层面的问题有以下两个方面。

一是传统数字媒体取证技术面临发展瓶颈。例如，人工特征建模存在较大困难，算法的实用性还不强，普适性的通用检测算法能力不强等。

二是人工智能数字媒体取证技术目前尚处于发展阶段。该技术对标注的正样本数据库的准确性和数量依赖性较大，网络结构的设计与参数设置难度较大，算法泛化能力还有待提高等。

1.5.3 算法评价标准的问题

目前，数字媒体取证算法的性能评价指标还不完善，大多数采用的是数字图像处理、视频处理等常规的性能指标。以二分类模型为例，将数据划分为正样本与负样本，模型预测结果为正类与负类，TP代表被模型预测为正类的正样本，TN代表被模型预测为负类的负样本，FP代表被模型预测为正类的负样本，FN代表被模型预测为负类的正样本。

（1）算法准确率

所有的正确预测（正类、负类）所占的比重，如式（1-1）所示。

$$\text{Accuracy}=\frac{\text{TP}+\text{TN}}{\text{TP}+\text{TN}+\text{FP}+\text{FN}} \tag{1-1}$$

（2）算法精确率

也叫查准率，即正确预测为正占全部预测为正的比例，如式（1-2）所示。

$$\text{Precision}=\frac{\text{TP}}{\text{TP}+\text{FP}} \tag{1-2}$$

（3）算法召回率

即正确预测为正占全部实际为正的比例，如式（1-3）所示。

$$\text{Recall}=\frac{\text{TP}}{\text{TP}+\text{FN}} \tag{1-3}$$

（4）F1-score

权衡准确率Precision和召回率Recall，一般来说准确率和召回率呈负相关，引入F1-score作为综合指标，就是为了平衡准确率和召回率的影响，较为全面地评价一个分类器。F1-score是精确率和召回率的调和平均。F1-score越大，说明模型质量越高，如式（1-4）所示。

$$\text{F1-score}=\frac{2\text{TP}}{2\text{TP}+\text{FP}+\text{FN}} \tag{1-4}$$

（5）交并比（IoU）

在篡改定位中，有时还会使用图像语义分割领域常用的交并比（IoU）来评估性能的好坏。

此时，将IoU记为模型预测的篡改区域和实际篡改区域的交集的面积与两者并集的面积之比，可按式（1-5）进行计算。

$$\mathrm{IoU}=\frac{\mathrm{TP}}{\mathrm{TP}+\mathrm{TN}+\mathrm{FP}} \tag{1-5}$$

IoU的取值介于0～1，值越大则意味着模型的性能越好。而且，对于固定的测试集，IoU与F1-score总是呈正相关。

（6）曲线下面积（AUC）

AUC被定义为接收者操作特性曲线与坐标轴围成的面积。由于曲线一般处于$y=x$这条直线的上方，因此AUC的取值范围为0.5～1。AUC越接近1，检测方法真实性越高；当AUC等于0.5时，真实性最低，无应用价值。

1.5.4 相关数字取证应用标准

目前数字媒体取证应用主要集中在司法、检察、公安技侦等领域，商用系统尚未见到成熟的产品[16-17]。目前在一些国家和行业标准中提及了数字媒体取证的应用标准，但是截至目前，尚未见到完整的数字媒体取证技术标准公开发布。

美国国家标准与技术研究院（NIST）、美国国家司法研究所（NIJ）、美国联邦调查局等机构制定了一系列与电子数据取证相关的标准和规范，具体如下。

（1）2004年11月，*Guidelines on PDA Forensics*（NIST SP 800-72），美国国家标准与技术研究院。

（2）2004年4月，*Forensic Examination of Digital Evidence: A Guide for Law Enforcement*（NIJ Special Report NCJ 199408），美国国家司法研究所。

（3）2006年8月，*Guide to Integrating Forensic Techniques into Incident Response*（NIST SP 800-86），美国国家标准与技术研究院。

（4）2007年1月，*Digital Evidence in the Courtroom: A Guide for Law Enforcement and Prosecutors*（NIJ Special Report NCJ 211314），美国国家司法研究所。

（5）2009年11月，*Electronic Crime Scene Investigation: An On-the-Scene Reference for First Responders*（NIJ Special Report NCJ 227050），美国国家司法研究所。

（6）2013年4月，*Digital & Multimedia Evidence Glossary* 2.7版本，美国联邦调查局。

（7）2013年9月，Section 24 *Best Practices for the Retrieval of Digital Video* 1.0版本，美国联邦调查局。

（8）2014年5月，Revision 1 *Guidelines on Cell Phone Forensic*（NIST SP 800-101），美国国

家标准与技术研究院。

国际上，国际标准化组织（ISO）、Internet 工程任务组等组织出台的信息安全的相关标准中均有针对电子证据的规定，具体如下。

（1）2002 年 2 月，《电子证据收集、保管指南》，Internet 工程任务组。

（2）2009 年 4 月，《了解网络犯罪：针对发展中国家的犯罪》，Internet 工程任务组。

（3）2012 年 9 月，《了解网络犯罪：现象、挑战和法律相应》，Internet 工程任务组。

（4）2012 年 10 月，《电子证据识别、收集、获取和保存指南》，国际标准化组织信息安全技术委员会。

与国外的标准制定相比，我国电子数据鉴定标准化工作起步较晚。从正式发布的电子数据鉴定标准来看，国家标准缺失，迄今为止与电子数据司法鉴定有关的有以下公安行业标准。

第 1 阶段：2000—2009 年。

（1）GA/T 754—2008《电子数据存储介质复制工具要求及检测方法》

（2）GA/T 755—2008《电子数据存储介质写保护设备要求及检测方法》

（3）GA/T 756—2008《数字化设备证据数据发现提取固定方法》

（4）GA/T 757—2008《程序功能检验方法》

（5）GA/T 828—2009《电子物证软件功能检验技术规范》

（6）GA/T 829—2009《电子物证软件一致性检验技术规范》

第 2 阶段：2010—2019 年。

（1）GA/T 976—2012《电子数据法庭科学鉴定通用方法》

（2）GA/T 977—2012《取证与鉴定文书电子签名》

（3）GA/T 1069—2013《法庭科学电子物证手机检验技术规范》

（4）GA/T 1070—2013《法庭科学计算机开关机时间检验技术规范》

（5）GA/T 1071—2013《法庭科学电子物证 Windows 操作系统日志检验技术规范》

（6）GA/T 1170—2014《移动终端取证检验方法》

（7）GA/T 1172—2014《电子邮件检验技术方法》

（8）GA/T 1173—2014《即时通信记录检验技术方法》

（9）GA/T 1174—2014《电子证据数据现场获取通用方法》

（10）GA/T 1176—2014《网页浏览器历史数据检验技术方法》

（11）GA/T 1474—2018《法庭科学计算机系统用户操作行为检验技术规范》

（12）GA/T 1475—2018《法庭科学电子物证监控录像机检验技术规范》

（13）GA/T 1476—2018《法庭科学远程主机数据获取技术规范》

（14）GA/T 1477—2018《法庭科学计算机系统接入外部设备使用痕迹检验技术规范》

（15）GA/T 1478—2018《法庭科学网站数据获取技术规范》

（16）GA/T 1479—2018《法庭科学电子物证伪基站电子数据检验技术规范》

（17）GA/T 1480—2018《法庭科学计算机操作系统仿真检验技术规范》

（18）GA/T 1554—2019《法庭科学 电子物证检验材料保存技术规范》

（19）GA/T 1564—2019《法庭科学 现场勘查电子物证提取技术规范》

（20）GA/T 1568—2019《法庭科学 电子物证检验术语》

（21）GA/T 1569—2019《法庭科学 电子物证检验实验室建设规范》

（22）GA/T 1570—2019《法庭科学 数据库数据真实性检验技术规范》

（23）GA/T 1571—2019《法庭科学 Android 系统应用程序功能检验方法》

（24）GA/T 1572—2019《法庭科学 移动终端地理位置信息检验技术方法》

（25）GA/T 1663—2019《法庭科学 Linux 操作系统日志检验技术规范》

（26）GA/T 1664—2019《法庭科学 MS SQL Server 数据库日志检验技术规范》

第 3 阶段：2020—2022 年。

（1）GA/T 1713—2020《法庭科学 破坏性程序检验技术方法》

（2）GA/T 1781—2021《公共安全社会视频资源安全联网设备技术要求》

（3）GA/T 756—2021《法庭科学 电子数据收集提取技术规范》

（4）GA/T 1977—2022《法庭科学 计算机内存数据提取检验技术规范》

上述不同阶段出台的不同标准为数字媒体取证奠定了坚实的基础，同时为数字媒体取证应用打开了一扇大门，为进一步推进相关产业链的发展铺平了道路。

1.5.5 相关法律法规现状

前面所述技术标准是推进相关产品和产业链发展必不可少的基础。同样，国家层面的法律法规给予了新型技术的法律规范与保障。我国开始制定与修订相关的法律法规，将视听资料、电子证据等作为判断依据，具体如下。

（1）2014 年，《关于办理死刑案件审查判断证据若干问题的规定》第二十七至二十九条。

（2）2016 年，《关于办理刑事案件收集提取和审查判断电子数据若干问题的规定》。

（3）2017 年，《中华人民共和国民事诉讼法》第六十三条。

（4）2017 年，《中华人民共和国行政诉讼法》第三十三条。

（5）2018 年，《中华人民共和国刑事诉讼法》第五十条。

（6）2018 年，《最高人民法院关于互联网法院审理案件若干问题的规定》，第十一条。

（7）2019年，《中华人民共和国电子签名法》。

（8）2019年，《最高人民法院关于民事诉讼证据的若干规定》第十四、十五、二十三、九十、九十三、九十四条。

（9）2020年，《最高人民法院关于适用〈中华人民共和国民事诉讼法〉的解释》，第一百一十六条。

（10）2021年《中华人民共和国行政处罚法》第四十一条。

在这些法律中，对数字媒体数据的取证和对真实性的要求进行了规定，如《最高人民法院关于适用〈中华人民共和国刑事诉讼法〉的解释》第一百零八条规定：

“对视听资料应当着重审查以下内容：

（一）“是否附有提取过程的说明，来源是否合法；

（二）“是否为原件，有无复制及复制份数；是复制件的，是否附有无法调取原件的原因、复制件制作过程和原件存放地点的说明，制作人、原视听资料持有人是否签名；

（三）“制作过程中是否存在威胁、引诱当事人等违反法律、有关规定的情形；

（四）“是否写明制作人、持有人的身份，制作的时间、地点、条件和方法；

（五）“内容和制作过程是否真实，有无剪辑、增加、删改等情形；

（六）“内容与案件事实有无关联。

“对视听资料有疑问的，应当进行鉴定。”

1.6 数字媒体取证学与其他学科、技术的关系

数字媒体取证学与其他学科、技术之间具有密不可分的关系，如图1-4所示。例如，数字音视频处理技术是一门传统的技术，其目的是对数字音频、数字图像、数字视频等载体进行基本的预处理、编解码、去噪处理、词袋语义提取、关键词检索等，这些为数字音视频的应用提供了基础理论依据和便利的工具集合。同样，数字媒体取证学也需要这些基础理论和工具集合对特殊的“痕迹特征”进行提取和分析，从而实现重编辑或恶意攻击的模式识别。机器学习理论不仅为解决小样本数据集的自动分类识别提供了理论依据和方法集合，也可以用来针对微小“编辑痕迹”进行自动识别。深度学习理论可以针对更加复杂的、隐蔽性较强的“编辑痕迹”进行自主学习，从而更加准确地识别出“编辑痕迹”的模式。当然，还有其他数学工具也与数字媒体取证学息息相关，如概率论与统计学、高等数学、图论、数学形态学等。

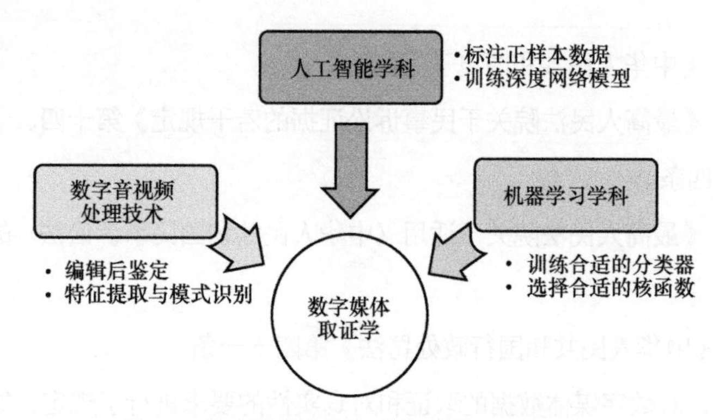

图 1-4　数字媒体取证学与其他学科、技术的关系

1.6.1　与数字音视频处理技术的关系

数字媒体取证学与数字音频、数字图像、数字视频处理技术之间的关系密不可分，主要是因为数字媒体取证学就是有关各种数字音视频载体的安全性鉴定和防御技术的学科。数字媒体取证学主要针对疑似被恶意编辑、篡改或虚拟生成等技术攻击后的音视频载体的安全性进行鉴定，而上述攻击方法通常采用常见的音视频处理技术和工具。数字音视频处理学科的主要目标是掌握数字音视频解析、去噪、复原、增强、压缩等底层处理技术，目标检测、目标跟踪、目标测量等中层处理基础技术，以及目标检索、语义识别、内容识别等高级处理技术。数字音视频处理技术的目标就是提升画面音效，进行高效存储和传输，以及提升计算机处理效率等。在处理数字音视频的过程中，数字音视频处理技术难免被用来修改原始数据和信息内涵，造成最终载体的信息误导等问题。

1.6.2　与机器学习学科的关系

对于数字媒体取证学面对的数字音频、数字图像、数字视频等载体，从其数据量上来看要远远大于文本等载体，实际上等效于大数据载体。传统的特征分析方法就是通过人工设计的特征模型来区分载体 A 和载体 B 之间的差异性，将这种方法应用在传统的数字媒体应用中十分有效，但是应用到识别原始载体 A 和伪造载体 A′时就显得力不从心。尤其是在海量数据中找到细微差别的特征模型是一个艰巨的任务。而机器学习方法则打开了新的思路、找到了新的方法，选择合适的分类器及核函数，对标注的正样本进行有效学习，就可以对待检测的数据进行分类识别。这种方法相当于有监督学习，把标注的正样本输入分类器，并限定输出的标签为正样本标签，反复迭代训练过程，直到稳定输出正样本标签。实质上相当于让分类器中核函数滤波器学习到正样本中差异化最大的特征，从而区分正样本数据的类型。但是这种方法未必总是有效的，也可能出现无法收敛的结果。因此，需要不停地训练不同的核函数，以及尝试使用不同的分类器。机器学习方法有助于提升传统判决方法的准确率。

1.6.3 与人工智能学科的关系

近年来，随着人工智能学科的迅速发展，尤其是深度学习理论的飞速发展，数字媒体取证学与人工智能学科产生了深度融合。上文提到的数字音视频文件相当于海量大数据，使用常规的特征模型对其进行分类识别难度较大。尤其是近年来深度学习方法也被广泛应用于数字媒体的造假攻击，使得原始文件与伪造文件之间的痕迹差距越来越小，识别难度也就越来越大。因此，我们需要把标注好的正样本输入预先选定的深度学习模型，逐层训练每一层的神经元，获得合适的权重系数，反复迭代训练，直到输出的结果稳定在指定的标签输出上。深度学习方法比前两者具有更好的适用性和泛化能力，可以将用集合A训练的深度模型泛化到任务B分类中，也能取得一定的效果。当然，深度学习理论与模型也具有设计复杂、收敛困难、对标注正样本数据依赖性强的局限性。而这些问题也会在学科发展的过程中逐渐被优化和解决。因此，数字媒体取证学离不开人工智能学科的支撑，反过来数字媒体取证应用是人工智能理论重要的实践场景。

1.7 数字媒体取证学的应用场景与展望

数字媒体取证可应用在司法、检察、公安技侦、医疗事故鉴定、商业媒体鉴定、数字媒体新闻核查等应用领域。多媒体伪造已经涉及政治、科学、新闻、战争和娱乐等诸多领域。据公开报道，美国研究诚信办公室（ORI）表示，多媒体伪造是一个“日益显著的问题，需要我们进行解决”。同时，心理学研究也表明有大约30%的人会被虚假信息欺骗，这将严重影响公众看待事物的观点，甚至可能会引起严重后果。

数字媒体取证学的应用场景总结如下。

（1）在司法、检察领域，电子证据已经成为合法证据中的一种，但其真实性需要技术手段来验证。

（2）在公安技侦、公务员执法等领域，电子媒体是一种常见的信息载体，使用摄像机、手机等拍摄的与刑事、交通、执法等相关的数字音频、数字图像、数字视频都可以作为破案和事件定性依据。上述数字载体的真实性鉴定就显得尤为重要。

（3）在医疗事故鉴定、电子合同签订等领域，数字图像和数字视频记录已经是常见的技术手段之一。记录的完整性和真实性是解决医疗纠纷和商务纠纷的基础保障。

（4）在各种保险理赔的场景中，电子保单、事故的照片和视频已经成为快速理赔的重要依据。因此电子保单、事故的照片和视频的合法性、真实性、完整性等鉴定则至关重要。

（5）在社交媒体和虚拟元宇宙等场景中，个人身份信息包含了各种图像、视频、文本等信息，而这些隐私信息的滥用和伪造则成为新的“毒瘤”。数字媒体取证技术成为必不可少的关键技术之一。

上述场景仅仅是数字媒体取证中的一隅，随着不同利益的驱使，更多伪造和攻击技术被用到数字载体编辑和伪造中，是一个不容忽视的问题。从个人隐私到国家信息安全，各个层面都会面临这种挑战，而且是长期的、持久的博弈。

1.8 本章小结

本章从取证一词的来源娓娓道来。从物理取证到数字取证，从主动取证到被动取证，从人工取证到智能取证等逐渐深入讲述不同技术的意义和目标。聚焦数字媒体取证学这一新生领域，描述了其概念和意义，以及问题的边界和目前的解决方案、应用场景等，让读者能够从一个宽泛的宏观领域，进入当下热点研究领域——数字媒体取证学；从其研究现状到其科学问题、技术瓶颈等阐述了数字媒体取证的难点和未来的发展方向，对于首次进入该领域的读者具有良好的引导效果。

本书将在后面的章节中分别展开数字媒体取证理论方法介绍，数字音频、数字图像、数字视频攻击和检测工作原理介绍，数字音频、数字图像、数字视频攻击和检测应用案例介绍。本书由于篇幅有限，对数字媒体取证学理论内容进行了一些筛选，涉及密码学、主动取证技术等的内容暂时不在本书的讲解范畴内。请读者阅读其他相关书籍。

本章习题

一、术语解释

1. 取证学

2. 电子（数字）取证学

3. 数字媒体取证学

二、简答题

1. 阐述数字媒体取证技术分类。

2. 阐述基于数字水印的取证技术的优缺点。

三、简述题

简述主动取证与被动取证各自的优缺点。

四、讨论题

论述国际上数字媒体攻击的重大事件、相关技术，以及其产生的国际影响。

参考文献

[1] 刘品新. 电子取证的法律规制[J]. 法学家, 2010(3): 73-82, 178.

[2] 许榕生. 我国数字取证技术研究的十年回顾[J]. 计算机安全, 2011(3): 17-19.

[3] 孙锬锋，蒋兴浩，许可，等. 数字视频篡改痕迹的被动检测技术综述[J]. 信号处理，2021，37(12): 2356-2370.

[4] 纪念. 浅析《全国人大常委会关于司法鉴定管理问题的决定》的立法缺憾[J]. 中国司法鉴定, 2006(2): 53-56.

[5] DU J, DING L P, CHEN G X. Research on the rules of electronic evidence in Chinese criminal proceedings[J]. International Journal of Digital Crime and Forensics, 2020, 12(3): 111-121.

[6] 李冬静，蒋平. 计算机取证技术综述[J]. 中国公共安全(综合版), 2005(6): 102-106.

[7] CASINO F, DASAKLIS T K, SPATHOULAS G P, et al. Research trends, challenges, and emerging topics in digital forensics: a review of reviews[J]. IEEE Access, 2022, 10: 25464-25493.

[8] FERREIRA W D, FERREIRA C B R, JUNIOR G D C, et al. A review of digital image forensics[J]. Computers & Electrical Engineering, 2020, 85: 106685.

[9] BERTHET A, DUGELAY J L. A review of data preprocessing modules in digital image forensics methods using deep learning[C]//Proceedings of 2020 IEEE International Conference on Visual Communications and Image Processing (VCIP). Piscataway: IEEE Press, 2020: 281-284.

[10] FANG W D, CHEN W, ZHANG W X, et al. Digital signature scheme for information non-repudiation in blockchain: a state of the art review[J]. EURASIP Journal on Wireless Communications and Networking, 2020, 2020(1): 56.

[11] ARROYO D, DIAZ J, RODRIGUEZ F B. Non-conventional digital signatures and their implementations—a review[M]//Advances in Intelligent Systems and Computing. Cham: Springer International Publishing, 2015: 425-435.

[12] MOHANARATHINAM A, KAMALRAJ S, PRASANNA VENKATESAN G K D, et al. Digital watermarking techniques for image security: a review[J]. Journal of Ambient Intelligence and Humanized Computing, 2020, 11(8): 3221-3229.

[13] OUAZZANE H, HAMROUNI K, MAHERSIA H. Digital watermarking in medical imaging: a review[J]. International Journal of Medical Engineering and Informatics, 2019, 11(4): 330.

[14] GUPTA S, MOHAN N, KAUSHAL P. Passive image forensics using universal techniques: a review[J]. Artificial Intelligence Review, 2022, 55(3): 1629-1679.

[15] PANDEY R C, SINGH S K, SHUKLA K K. Passive forensics in image and video using noise features: a review[J]. Digital Investigation, 2016, 19: 1-28.

[16] MIZHER M A, ANG M C, MAZHAR A A, et al. A review of video falsifying techniques and video forgery detection techniques[J]. International Journal of Electronic Security and Digital Forensics, 2017, 9(3): 191.

[17] JAVED A R, JALIL Z, ZEHRA W, et al. A comprehensive survey on digital video forensics: Taxonomy, challenges, and future directions[J]. Engineering Applications of Artificial Intelligence, 2021, 106: 104456.

第 2 章

数字媒体取证学的理论基础

2.1 引言

第 1 章介绍了数字媒体取证学的背景和基本概念，数字媒体取证学中包含的科学问题和模型与数学、计算机等学科紧密相关。本章将重点介绍数字媒体取证学的科学问题，模型、检测框架等基础理论问题，同时简要介绍需要了解的数学和计算机相关知识。图 2-1 给出了数字媒体取证学的内涵，即数字媒体取证学是一门通过结合数学理论和计算机算法来建立取证学模型以解决科学问题的学科。

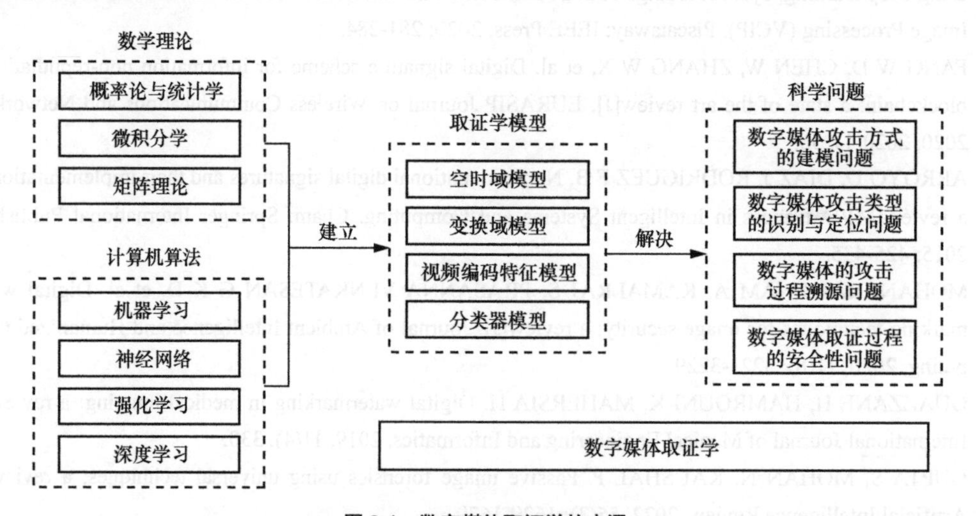

图 2-1　数字媒体取证学的内涵

2.2 数字媒体取证学的科学问题

数字媒体取证学的任务是检测、分析、识别数字媒体压缩域、像素域、目标域等各种不同类型的重编辑或篡改类型，并定位重编辑或篡改的数据片、像素点、目标伪造边界等空时位置，可溯源到攻击者的攻击操作历史，以及全部或部分恢复原始媒体信息。数字媒体取证学的科学问题可分为以下 4 类。

1. 数字媒体攻击方式的建模问题

“知彼知己，百战不殆”，在研究数字媒体取证的检测识别方法之前，首先要研究数字媒体各种攻击方式和方法的本质和数学模型，才能够做到“有的放矢”地高效检测数字媒体的“三性”问题。

2. 数字媒体攻击类型的识别与定位问题

在掌握了数字媒体攻击方式和方法的本质并建立数学模型之后，研究并设计针对各种攻击数学模型的检测模型，即特征分布一致性模型和特征连续性模型，通过检测模型可以针对已知攻击类型范围进行“遍历”检测。同时检测到特征分布的间断点或者连续性的突变点时，其物理意义就是攻击数字媒体的具体空时位置。

3. 数字媒体的攻击过程溯源问题

上述识别与定位方法对于单次攻击的检测而言比较有效，但是对数字媒体的攻击往往是“复合攻击+混淆攻击”的方式。例如，“替换目标+平滑目标边缘+锐化目标边缘”等组合方式，在复制粘贴目标的过程中所进行的旋转、按比例缩放、镜像等操作会使得单一攻击类型检测模型失效。这就需要研究和设计更加复杂的检测模型，并且发现复合操作、混淆攻击操作所使用的处理方法的空时组合，即攻击过程溯源。目前尚未有成熟的算法可以完全解决这一难题。

4. 数字媒体取证过程的安全性问题

数字媒体的重编辑或篡改伪造的目的就是破坏内容真实性，我们可以通过取证技术来检测和鉴定这一问题。但是目前攻击方法不仅针对数字媒体本身，也出现了针对检测模型攻击的方法，如反取证技术，还有针对深度学习模型投毒和样本对抗等的方法，以破坏数字媒体取证过程的安全性和可靠性。这是一个新出现的问题，也是数字媒体取证学需要进一步深入研究的问题。这也体现了安全领域的技术博弈。

2.3 空时域模型

对于数字多媒体影像内容，由于现实世界物理体系的一致性和稳定性，数字多媒体影像作为现实世界的真实映射总能在呈现出的视觉效果上体现出一系列基于现实的空时域约束一致性规律。这种视觉上的规律可以在以下两个维度上分别呈现。

（1）对于静态图像层次，其视觉呈现效果在三维空时域的二维空域（静止）映射图像上体现出一系列时间域为静止的空间域一致性规律。

（2）对于动态图像层次，其不仅在组成视频的独立帧内保有静止图像层次的空间一致性，还由于时间的单向性和因果顺序的确定性在时间序列上体现出一系列基于空时结合特性的更高维度的一致性规律。

由于这些一致性规律的存在与普适性，对于数字多媒体影响内容是否源自现实世界的实际不间断采集且未经篡改处理的研究，往往从所关注内容是否符合相应一致性规律入手，针对这些一致性规律进行问题建模和特征模式提取判别的探究。以下便从空间域（静态）和空时域（动态）两个层次分别简述一些常见的一致性模型和特征模型。

2.3.1 空间域一致性模型

1. 空间域内光照条件一致性和渐变性

（1）借助辅助标志物的方法

借助辅助标志物的方法多以估计真实场景的光源为主要研究任务，然后生成对应的虚拟光源并渲染光照效果到虚拟物体上。它按照标志物的用途又可以被分为基于标志物阴影分析的方法和基于标志物表面图像估计光照的方法，具体如下。

① 基于标志物阴影分析的方法：基于标志物阴影分析的方法常利用阴影的亮度估计光源分布，或利用阴影的空间投射关系推算光源位置。

② 基于标志物表面图像估计光照的方法：首先通过图像处理提取标志物上的明暗信息或者标志物表面反射的环境信息，然后根据光线的反射规律计算出光源的方向。

一般来说，在自然光线条件下，同一画面或者连续画面内不可能出现光源相悖的映射或投影；持续画面内光源的变化应该遵循一定的物理几何规律。在夜间室外照明条件或者在室内照明条件下，可能出现多光源的场景，情况比较复杂，暂不讨论。

（2）借助辅助拍摄设备的方法

借助深度相机、光场相机及鱼眼相机等特殊拍摄设备来获取场景的深度、光场和全视角图像等信息，再通过这些信息对真实场景的光照信息进行预测性恢复。此类方法遵循光源一致性原则和渐变性原则。

（3）无须辅助标志或拍摄设备的图像分析方法

仅根据图像内容（如一系列视频图像或一张图像）分析场景中的光照，并将虚拟物体无缝融合到真实场景中。根据是否进行三维重建可以被分成需要分析场景结构的图像分析方法和不需要分析场景结构的图像分析方法。

① 需要分析场景结构的图像分析方法：通过对图像信息进行分析来完成三维重建，然后

根据重建后的三维图像来分析场景光照情况。

② 不需要分析场景结构的图像分析方法：不进行三维重建，只利用图像的特征来估计场景光照情况。

此类方法就是利用光源一致性原则和渐变性原则对静止图像或运动图像进行分析，对投射阴影的一致性进行检测，从而发现异常情况。

2. 纹理和纹理噪声的一致性

一般来讲，纹理既包括通常意义上物体表面的纹理，即物体表面凹凸不平的沟纹，又包括物体光滑表面上的彩色图案，或者计算机生成的特殊图案。

而纹理噪声一般是指在经过量化、编码后生成的数字图像或者数字视频中，光学系统采集光能量并映射到图像传感器后出现的光学系统瑕疵、传感器瑕疵等造成的噪声分布和量化编码后失真等造成的特殊分布，即一种类似于“指纹”的噪声模式。这种复合纹理噪声一般存在于自然景物映射后的自然图像中，计算机成像中不包含此类噪声模式。

（1）纹理的特点

① 优点

a. 在包含多个像素点的区域进行统计计算；

b. 常具有旋转不变性；

c. 对于噪声有较强的抵抗能力。

② 缺点

a. 当图像的分辨率变化时，所计算出来的纹理可能会有较大偏差；

b. 有可能受到光照、反射情况的影响；

c. 从二维图像中反映出来的纹理不一定是三维物体表面真实的纹理。

（2）纹理噪声的特点

① 纹理噪声一般只存在于通过采集系统成像的图像或者动态图像中，如照相机拍摄图像、声纳图像等。

② 计算机成像中不存在纹理噪声。

（3）纹理分析问题简介

纹理分析的目的：通过采用一定的图像处理技术提取出纹理特征参数，从而获得纹理的定量或定性描述的处理过程。

纹理分析大致流程：检测出纹理基元；获得有关纹理基元排列分布方式的信息；通过采用一定的图像处理技术抽取出纹理特征，获得纹理的定量或定性描述的处理过程；找到纹理基元排列的信息，建立纹理基元模型。

常用的纹理特征提取方法一般被分为以下 4 类。

① 基于统计的方法：灰度共生矩阵、灰度行程统计、灰度差分统计、局部灰度统计、半方差图、自相关函数等。

② 基于模型的方法：同步自回归模型、马尔可夫模型、吉布斯模型、滑动平均模型、复杂网络模型等。

③ 基于结构的方法：句法纹理分析、数学形态学法、Laws 纹理能量测量、特征滤波器等。

④ 基于信号处理的方法：拉东（Radon）变换、离散余弦变换（DCT）、局部傅里叶变化、加博（Gabor）变换、二进制小波变换、树形小波分解等。

无论是纹理分析，还是噪声检测，都属于特征方面的一致性检测范畴。在时间维度和空间维度上，纹理和噪声的特征分布模式和规律具有对齐统一的特性。

2.3.2 空时域特征模型

空时域特征包括空域特征（如块亮度特征、纹理特征、颜色特征等）、时域特征（如运动矢量特征、运动轨迹特征等）和空时特征（如金字塔光流特征、3D-SURF 特征、3D-SIFT 特征、空时亮度立方特征等）。以上特征是在数字图像和数字视频中常见的特征模型，虽然采集光能量并量化、编码后的数字信息并不是连续的，但其可视化特征统计分布规律是连续的，对发现数字图像和数字视频内在特征修改、编辑非常重要。空时轨迹表征图示例如图 2-2 所示。

图 2-2　空时轨迹表征图示例

光流的概念最早是由 Gibson[1]在 1951 年提出的。它是空间移动物体在像素观察平面中移动的瞬时速度，用于计算物体在相邻帧间运动信息。

一般来说，光流是物体在三维空间中的运动在二维平面上的投影。它是由物体和相机的相对速度产生的，反映了物体在极小时间内对应的图像像素的运动方向和速率。光流法在模式识别、计算机视觉及其他影像处理领域中非常有用，可用于运动检测、物件切割、碰撞时间与物体膨胀的计算、运动补偿编码，或者通过物体表面与边缘进行立体的测量等。

光流法的工作原理基于如下假设。

（1）场景的像素强度在相邻帧之间基本不变。

（2）相邻像素具有相似的运动。

光流法实际是通过检测图像像素点的强度随时间变化所产生的变化进而推断出物体移动速率及方向的方法。对于图像的强度，用 $I(x,y,t)$ 进行表征，假设相邻帧的物体移动幅度很小且时间间隔为 Δt，那么对相邻帧强度进行求差后可以根据泰勒级数得出（舍去高阶无穷小项）结果，如式（2-1）所示

$$I(x+\Delta x, y+\Delta y, t+\Delta t) = I(x,y,t) + \frac{\partial I}{\partial x}\Delta x + \frac{\partial I}{\partial y}\Delta y + \frac{\partial I}{\partial t}\Delta t \tag{2-1}$$

经过整理后如式（2-2）所示。

$$I_x V_x + I_y V_y = -I_t \tag{2-2}$$

式（2-2）中的 V_x, V_y 是 x, y 方向上的物体移动速率，也可被称为 $I(x,y,t)$ 的光流。作为光流的定义式，这是一个有两个未知数的方程，不能求解。这被称为光流算法的孔径问题。为了找到光流，需要另一组方程，由一些额外的约束给出。所有光流方法都引入了用于估计实际流量的附加条件，而根据引入的假设条件的不同，可以得到光流测定方法的分类。光流概念示意如图 2-3 所示。

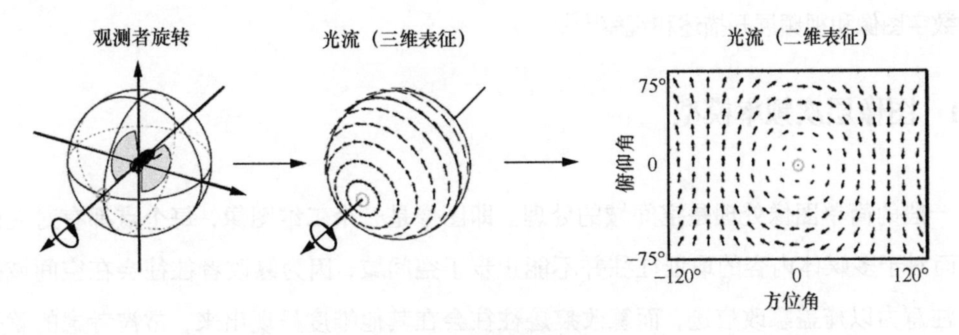

图 2-3　光流概念示意

主流光流测定方法如下。

（1）相位相关——归一化互功率谱的倒数。

（2）基于块的方法——最小化平方差之和或绝对差之和，或最大化归一化互相关。

（3）估计光流的微分方法，基于图像信号的偏导数或寻找的流场和高阶偏导数，示例如下。

① Lucas-Kanade 方法——关于图像块和流场的仿射模型。

② Horn-Schunck 方法——基于亮度恒定约束的残差优化函数，以及表示流场预期平滑度的特定正则化项。

③ Buxton–Buxton 方法——基于图像序列中边缘运动的模型。

④ Black-Jepson 方法——基于相关的粗略光流。

⑤ 通用变分方法——一系列 Horn-Schunck 方法的修改/扩展，使用其他数据项和其他平滑项。

（4）离散优化方法——对搜索空间进行量化，然后通过在每个像素处分配标签来解决图像匹配问题，从而使相应的变形最小化源图像和目标图像之间的距离。最优解通常通过最大流最小割定理、线性规划或置信传播方法来恢复。

2.4 变换域模型

除以人类直观视觉为基础的空时域系列一致性之外，在数字多媒体内容的取证学研究中还经常会借助另一类以现实世界内容物理规律为基础的一致性规律，这类一致性规律可以被统一称作变换域规律。这里的变换域模型一般被定义为能够描述数字图像、数字视频等数字信息在空间频率、时间频率等变换后，使其能量、频率等特征具有一定的统计分布规律的特征模型的统称。常见的变换域包括离散余弦变换域（DCT 域）、离散正弦变换域（DST 域）、离散傅里叶变换域（DFT 域）、离散 Haar 小波域、阿达马（Hadamard）变换域（HT 域）等。这种特征模型的特点就是将人眼可见的空时信息变换为能量、频率等分布可见的统计信息，从另外的维度对数字图像和视频展开描述和观察[2-3]。

2.4.1 图像层次频率模型

一般的简单图像处理是空间域的处理。即图像是一个二维图像，每个点都有对应的坐标。而对于多媒体内容的取证往往并不能止步于空间域，因为篡改者往往会在空间域投入很多注意力以掩盖篡改痕迹，而篡改痕迹往往会在其他维度呈现出来，常被考虑的就是变换域[4-5]。

在图像领域进行频率变换是重要的方法之一。对于一个二维图像，如果需要看频谱图，那么是要进行傅里叶变换的，图像的傅里叶变换其实是将图像的灰度分布函数变换为图像的频率分布函数。图像频域中的高频分量对应图像的细节信息，图像低频分量对应图像的轮廓信息。高频分量代表的是信号的突变部分（即灰度值梯度较大），而低频分量决定信号的整体形象（即梯度较小）。在频谱图中，可以看到亮度不同的点，点的亮度大就证明该点的梯度大（即高频分量），亮度小证明该点的梯度小（即低频分量）。频谱图中心部分代表高频分量，四周代表低频分量，尤其是 4 个顶点。

有的图像在空间域中进行处理会很困难，但是放到频域中就可以很简单地进行检测，如经过滤波之后的图像，待检测疑似篡改区域部分的特征就可能明显和图像的其他区域不同，从而帮助定位篡改所发生的区域。

2.4.2　视频层次频率模型

近年来，研究团队把音频取证领域的关键技术——电网频率（ENF，Electric Network Frequency）检测拓展到了视频取证领域[6-9]。ENF 由配电网中供电频率（在北美地区为 60 Hz，其他地区则为 50 Hz）的变化构成。基于 ENF 的研究最初用于对音频信息的分析，在录制音频时 ENF 信号同样会被记录，通过比较音频主干频率变化来对音频进行验证。从音频中提取出的 ENF 信号可作为判断音频录制时间及音频是否被再次编辑等的依据，是音频取证领域的关键技术。近年来，视频分析领域的研究发现 ENF 信号的变化会体现在室内光照强度的微弱变化中，ENF 信号也可以从视频中提取出来，ENF 分析开始应用于视频分析，在视频取证、多视频同步等方面发挥作用。目前，ENF 信号作为音频/视频的重要特征，可以满足许多应用场景的需求，如对音频/视频录制区域的判别、对同一场景不同角度拍摄的多视频对齐（应用于现场直播）、对录制设备的识别等。

ENF 信号最初被用于音频取证，通过判断音频中提取的 ENF 信号的连续性来验证音频的真实性，当音频被修改时，嵌在其中的 ENF 信号的相位会产生突变，以此为依据验证音频。而 Garg 等[10]提出了利用光学传感器和摄像机从荧光灯中捕获 ENF 信号的方法，并印证了室内监控视频中存在 ENF 信号，由此证明了在室内环境中 ENF 信号可以作为监控记录的自然时间戳和作为这些记录真实性的依据。随后，Garg 等[11-12]使用基于频谱图和基于子空间的信号处理技术从记录中提取 ENF 信号，对这两种方法的优劣进行了比较。他们同时验证了 ENF 信号面对高强度压缩有极好的鲁棒性，可以作为视频中音视同步性和完整性的依据，提出了使用 ENF 信号验证视频真实性的方法和改进检测表现的 AR2 模型。

另外，视频的编码也往往借助变换域，这方面也隐藏着十分丰富的特征可供取证研究使用，下文对视频编码在取证中常见的一些切入方向进行进一步的介绍。

2.5 视频编码特征模型

视频编码标准有两大体系，一个是 MPEG-1/2/4，另一个是 H.26X 系列。当今视频编码主流标准是 H.265/HEVC，而最新标准是 H.266/VVC。新型编码标准无论在编码效率还是编码技术上相较于以往的编码标准都有极大的提升，如相较于 H.264/AVC，HEVC 将视频压缩率提高至 H.264 的 2 倍左右，而 VVC 在 HEVC 的基础上，进一步优化了压缩方式，在保证视频视觉质量不变的情况下，使文件大小减小一半。这些性能提升的根本原因在于对视频编码框架的改进，如在沿用 AVC 基于块的编码模式的基础上，HEVC 提出了一系列技术创新，如基于大尺寸的四叉树结构的块分割技术、更多角度的帧内预测模式、帧间运动估计融合技术、高精度运动补偿技术、自适应环路滤波技术及基于语义的熵编码技术等，这些创新性技术能够使视频达到更加优良的视觉质量及更好的压缩性能[13-14]。

随着计算机网络的发展和硬件设备的升级换代，人们对更高质量、更高清晰度视频的追逐，数字视频编码技术不断改善，基于深度神经网络的视频编码技术也相应地成为视频编码领域的研究重点[15-18]。传统编码框架中许多模块（如帧内预测、帧间预测、环路滤波等）能够用深度神经网络模块来替代，这些深度神经网络模块往往与其他传统编码模块混合使用。不同嵌入位置的深度神经网络因其需要实现的功能的差异，网络结构往往也具有差异性，如帧内预测可以用全连接网络实现，该网络只包含全连接层，与替代传统帧间预测的卷积网络模块相比，彼此之间具有很大差异，简而言之，混合深度神经网络的视频编码中不同嵌入位置的网络在结构上具有异构性。此类异构网络的替代与嵌入在保证视频所占存储空间不变的情况下能够实现视觉质量的提升。

2.5.1 视频转码模型

在视频篡改过程中，篡改者可能利用不同于第一次编码所使用的编码器来进行第二次编码，这导致视频存在转码的情况。视频编码识别是指对双压缩视频第一次编码标准的识别。目前对同编码器下的视频双压缩检测的研究较多，而对存在转码过程的视频双压缩检测的研究较少。对原始视频压缩过程的研究将为视频取证分析带来多方面的帮助。值得注意的是，这里的视频转码过程，特指第一次压缩和第二次压缩使用不同编码器的双压缩过程，如原始视频使用 MPEG-2 编码器进行压缩，而第二次压缩使用的是非 MPEG-2 的编码器，如 H.264 编码器。视频转码流程示意如图 2-4 所示。

输入编码格式	输出转码格式
视频：H.265/HEVC、H.264/AVC、VP8、MPEG-4、MPEG-2等 音频：FLAC、WAV、MP3、AAC等	视频：H.266/VVC、H.265/HEVC、H.264/AVC、VP9等 音频：MP3、AAC等

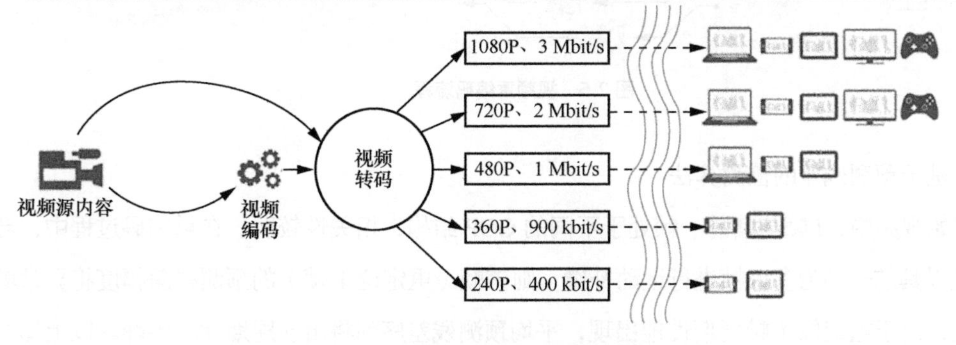

图 2-4　视频转码流程示意

现有的视频转码检测算法均基于视频有损压缩的幂等性，视频有损压缩的幂等性是指对原始视频序列用相同的编码标准和编码参数重新压缩生成的视频与原始视频具有很高相关性的一种特性。视频有损压缩的幂等性常与平均峰值信噪比（PSNR）结合使用，用于度量待测视频和重编码视频的相似程度。由于现有广泛使用的编码标准种类有限，通过在有限种编码器中遍历比较，确定第一次编码视频所采用的编码标准。该算法的不足之处在于假定编码标准集合是确定且闭合的，若集合中不包含第一次编码采用的编码标准，那么该算法输出最接近第一次编码的视频压缩标准。

近几年，视频双压缩检测逐渐成为多媒体信息安全领域的一大热门研究方向，很多学者提出的方法针对量化参数不同的情况，在第二次压缩质量高于第一次压缩质量的情况下能达到较高的准确率。相比之下，相同量化参数（同量化因子、同比特率）双压缩检测的难度更大，现有的有效方法也更少。

2.5.2　视频重编码模型

当视频重编码过程采用与第一次压缩不同的 GOP 结构或者 GOP 结构发生错位时，针对 GOP 结构对齐的视频双压缩检测方法均失效。其原因是 GOP 结构的改变，导致部分原始 I 帧在第二次压缩时被重编码为 P 帧（称之为重定位 I 帧），并且大部分重定位 I 帧由于在第一次压缩中采用帧间编码，不再具有两次帧内编码量化的特性。在视频采集设备与监控设备中，GOP 通常采用固定结构，这使得在经过 GOP 结构错位的双压缩视频中，重定位 I 帧会周期性地出现。现有算法基于这一现象对 GOP 结构错位的双压缩进行检测，可分为以下 3 类。视频重编码流程如图 2-5 所示。

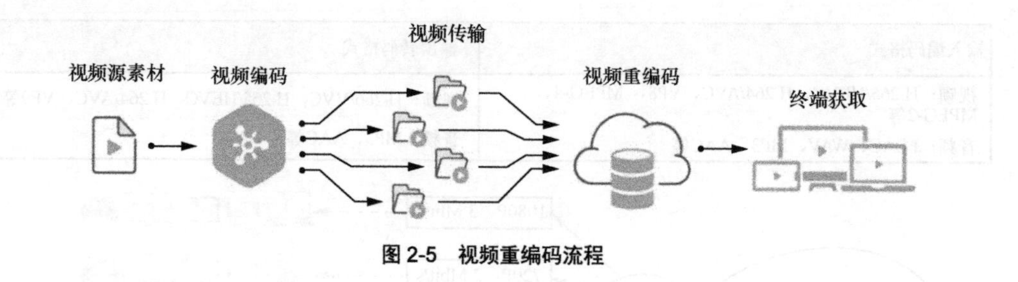

图 2-5　视频重编码流程

（1）基于预测残差的检测算法

在原始视频中，I 帧与其前一帧处于不同的 GOP 结构，相关性较弱。在重编码过程中，若原始 I 帧以其前一帧为参考帧进行运动补偿，则该帧（重定位 I 帧）的预测残差幅度将异常增大。并且，由于重定位 I 帧周期性地出现，平均预测残差序列将出现周期性的尖峰。以上算法通过分析平均预测残差序列的离散傅里叶变换特性来判断输入视频是否经历双压缩。若平均预测残差序列的频谱出现异常尖峰，则认为待测视频经历双压缩过程。

（2）基于宏块类型变化的检测算法

重定位 I 帧中宏块类型（I 宏块、P 宏块和 S 宏块）的统计特征与非重定位 I 帧类型不同，并且呈现一定的周期性。因此，宏块类型的异常模式可以作为检测依据。实验结果表明，此类算法对不同的转码过程具有较强的鲁棒性。

（3）基于块效应的检测算法

在现有的 MPEG 帧内编码中，每个宏块独立进行有损量化。这将导致帧内编码帧块与块之间的边缘处存在不连续性，即块效应。当双压缩质量较高时，第一次帧内编码的块效应将得以保留，并能够作为双压缩检测的依据。

2.6　分类器模型

什么是分类器？在机器学习、模式识别、人工智能中经常需要用到分类器，分类器是对数据样本进行分类的方法的统称，其作用是在学习训练数据统计知识的基础上判断一个新的观察样本的所属类别。根据有无针对数据样本的先验知识，分类器可以被分为有监督分类器和无监督分类器。

什么是分类器模型？一般来说是针对不同分类器原理设计出来的参数化的分类器模型函数及工具，如 SVM 分类器模型函数、K 近邻（KNN）分类器模型函数、随机森林分类器模型函数等。

2.6.1　有监督分类器

有监督分类又称训练场地法、训练分类法，是以建立统计识别函数为理论基础、依据典型样本训练方法进行分类的技术，即根据已知数据集输入和输出结果之间的关系，求出特征参数，将其作为决策规则，训练出最优的判别模型以对待分类样本进行分类。也就是说，在有监督学习中的训练数据既有特征（Feature）又有标签（Label），通过训练，机器可以自己找到特征和标签之间的联系，在面对只有特征没有标签的数据时，可以判断出标签的类别。

有监督学习问题可以被分为两类：分类和回归。其中分类针对离散数据，回归针对连续数据。目前，有监督分类器算法主要有以下几类，即 K 近邻、决策树（Decision Tree）、朴素贝叶斯分类器（Naive Bayesian Classifier）、支持向量机、随机森林（Random Forest）等。

K 近邻是最经典和最简单的有监督学习方法之一。给定一个训练数据集，对于新的输入实例，如果能在训练数据集中找到与该实例最邻近的 K 个实例，且这 K 个实例多数属于某个类，就把该输入实例分类到这个类中。K 近邻算法流程示意如图 2-6 所示。

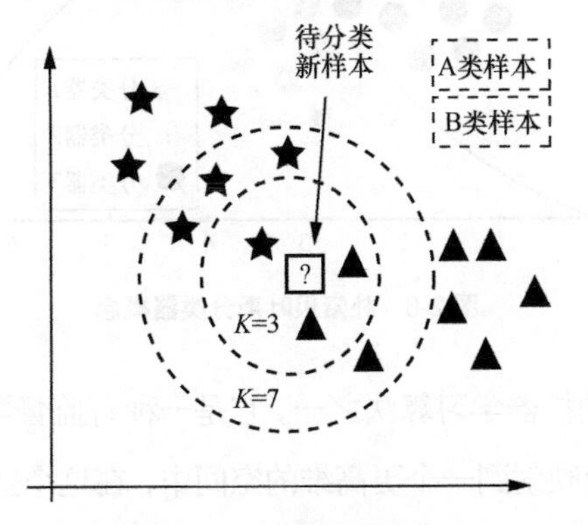

图 2-6　K 近邻算法流程示意

决策树是一种非参数的有监督学习方法，旨在构建基于树结构进行决策判断的模型。它能够从一系列有特征和标签的数据中总结出决策规则，并用树状图的结构来呈现这些规则，以解决分类和回归问题。决策树概念示意如图 2-7 所示。

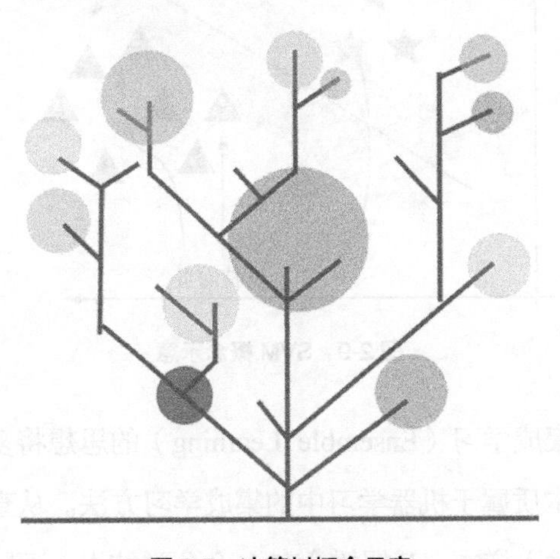

图 2-7　决策树概念示意

朴素贝叶斯分类器是分类算法集合中基于贝叶斯理论的一种算法，是一种简单却功能强大的建模预测算法。该模型由两类概率模型组成，它们可以直接从训练数据中计算每个类的概率和给定 x 值下每个类的条件概率。在理论推导出概率模型后，就可以利用贝叶斯定理对新数据进行预测。当数据是实值时，通常假设其为高斯分布，这样就可以很容易地估计出这些概率。朴素贝叶斯分类器概念如图 2-8 所示。

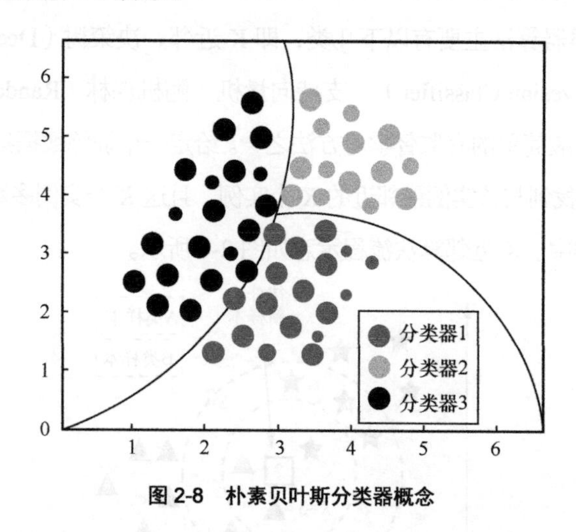

图 2-8　朴素贝叶斯分类器概念

SVM 一度成为最流行的机器学习算法之一。它是一种有监督学习方法，广泛应用于统计分类及回归分析。SVM 将向量映射到一个更高维的空间中，在这个空间中建立一个最大间隔超平面。在分开数据的超平面的两边建立两个互相平行的超平面，分隔超平面使两个平行超平面之间的距离最大化。SVM 概念示意如图 2-9 所示。

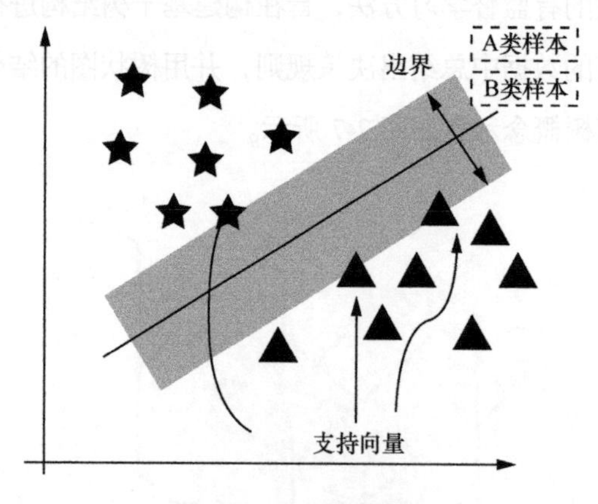

图 2-9　SVM 概念示意

随机森林是一种通过集成学习（Ensemble Learning）的思想将多棵树集成的算法，它的基本单元是决策树，而它的本质属于机器学习中的集成学习方法。从直观角度来解释，每棵树都是一个分类器，对于一个输入样本，N 棵树会有 N 个分类结果。而随机森林集成了所有的分类投票结果，将投票次数最多的类别指定为最终输出，这就是最简单的套袋（Bagging）思想。随机森林概念示意如图 2-10 所示。

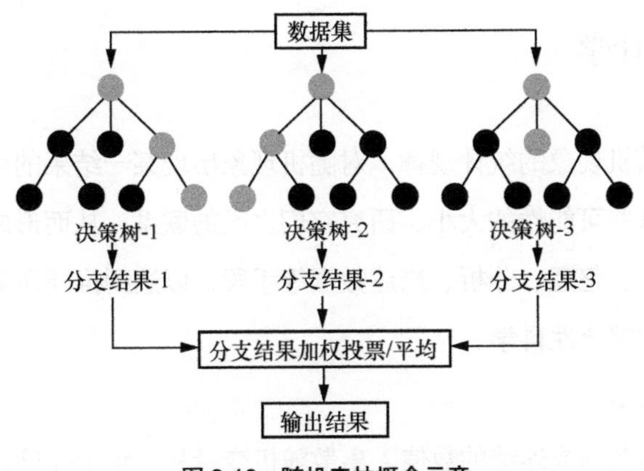

图 2-10　随机森林概念示意

2.6.2　无监督分类器

在现实生活中常常会遇到这样的问题：缺乏足够的先验知识，因此难以进行人工类别标注或进行人工类别标注的成本太高。很自然地，我们希望计算机能代替我们完成这些工作，或至少能提供一些帮助。根据类别未知的训练样本解决模式识别中的各种问题，被称为无监督学习。在无监督分类中，所有样本均未经过标注，分类算法需要利用样本自身信息完成分类学习任务，这种方法通常被称为聚类。

深度学习由多层神经网络组成，需要一层一层地抽取主要特征，忽略次要细节，所以深度学习中采用的无监督学习方法需要满足以下 3 个条件：

（1）可以从多维空间中抽取主要特征，将主要特征映射至低维空间中；

（2）具有递归性；

（3）算法不能太过复杂，否则深层架构的计算量太大。

常用的无监督学习方法主要有主成分分析（PCA）法、等距映射方法、Roweis 局部线性嵌入方法、拉普拉斯特征映射方法、Hessian 局部线性嵌入方法和局部切空间排列方法等。

2.7　相关理论介绍

在数字媒体取证学中，需要利用许多数学模型及计算机模型来对前面提到的科学问题进行分析及建模，本节简要介绍一些在数字媒体取证学研究中需要了解的前置知识点，由于篇幅限制，本节主要对一些重要概念进行介绍，其原理的详细解释与数学表达式推导需要读者阅读相关资料进一步学习。

2.7.1 概率论与统计学

概率论根据大量随机现象的统计规律，对随机现象出现某一结果的可能性进行一种客观的科学判断，通过比较这些可能性的大小、研究它们之间的联系，从而形成一整套数学理论和方法。统计学是通过搜索、整理、分析、描述数据等手段，以达到推断所测对象的本质，甚至预测对象未来发展的一门综合性科学。

1．概率分布的表示

随机变量可以是离散的或连续的数值。离散随机变量从一组预先确定的集合中取值，其概率分布可以用以下函数表示。

（1）概率质量函数（PMF，Probability Mass Function）：对于离散随机变量 X，每个随机变量的观测值 x 都对应一个确定的概率 $f(x)=P(X=x)$，并且概率求和总是等于 1。

（2）累积分布函数（CDF，Cumulative Distribution Function）：X 不超过某个特定值的概率，即特定值之前的所有概率相加的结果 $F(x)=\sum P(X\leqslant x)$。

连续随机变量取值是一个区间中的任一实数，选中某两个特定值之间的某个数的概率用这两个特定值与函数曲线围成的面积来计算，该面积在概率密度函数中取值为正并且积分总是 1。

（3）概率密度函数：对于累积分布函数 $F(x)=\int_{-\infty}^{x} f(t)\mathrm{d}t$，其中 $f(t)$ 即概率密度函数（PDF，Probability Density Function），概率密度函数与 x 轴围成的面积等于累积分布函数的函数值，累积分布函数的导数等于概率密度函数的函数值。

2．概率分布模型

概率分布是指用于表述随机变量取值的概率规律，经过长时间对现实生活中的数据进行统计，科学家对一些经常出现的概率分布模型进行了总结。在数字媒体取证中，也经常使用概率分布模型刻画数据特征分布的形状和特点，下面介绍 3 种常见的概率分布模型。

（1）正态分布（Normal Distribution）模型

正态分布又名高斯分布（Gaussian Distribution），其数学记号为 $X\sim N(\mu,\sigma^2)$，正态分布属于连续概率分布，对应的概率密度函数如式（2-3）所示。

$$f(x)=\frac{1}{\sqrt{2\pi}\sigma}\mathrm{e}^{-\frac{(x-\mu)^2}{2\sigma^2}} \tag{2-3}$$

期望值 μ 决定了其位置，标准差 σ 决定了分布的幅度。μ=0、σ=1 时的正态分布是标准正态分布。正态分布是一种连续分布，但由于数字媒体的取值一般是离散的，因此可以在一个取值区间范围内进行密集采样，拟合连续概率分布模型曲线。

（2）二项分布（Binomial Distribution）模型

二项分布模型是一种在统计学中常常用到的数学模型，如统计一个地区物种数量的分布情况，一个班级中学生成绩的分布情况，一个国家的居民收入、支出情况等。二项分布即重复 n 次独立的伯努利实验，每次实验的成功概率为 p，被记为 $X \sim B(n,p)$，二项分布属于离散概率分布，对应的概率质量函数如式（2-4）所示。

$$P(x) = C_n^x p^x (1-p)^{n-x} \tag{2-4}$$

（3）泊松分布（Poisson Distribution）

泊松分布是单位时间内独立事件发生次数的概率分布。通常，泊松分布与描述等待时间的概率分布有着密切关系，是一种比二项分布应用场景更为广泛的概率模型，在数控、电商优化中也经常能见到它的身影。泊松分布的参数 λ 是单位时间（或单位面积）内随机事件的平均发生次数。泊松分布适用于描述单位时间内随机事件发生 x 次的概率，记为 $X \sim P(\lambda)$，$P(x)$ 如式（2-5）所示。

$$P(x) = \frac{\lambda^x}{x!} \mathrm{e}^{-\lambda} \tag{2-5}$$

3. **常用统计模型**

有些过程无法用理论分析方法导出其模型，但可通过实验测定数据，经过数理统计法求得各变量之间的函数关系，这种方法被称为统计模型。由于数字媒体取证中很多模型无法用精确的数学表达式来表达，因此只能用统计模型来刻画这个过程。统计模型的构建和训练也是机器学习中的一个重要内容。

（1）多元回归模型

多元回归模型可被分为线性回归模型和非线性回归模型，用于研究变量之间的相互影响关系。在现实世界中，一个现象会受到很多个因素的影响，如影响体重的不只有身高，还有性别、饮食习惯、遗传等。具体而言，多元回归模型可以定量地描述现象 y 和因素 $x = (x_1, \cdots, x_n)$ 之间的函数关系，$\beta = (\beta_0, \cdots, \beta_n)$ 为模型参数，将 x 的已知值代入回归模型可以求出因变量 y 的估计值。多元回归模型的参数估计可以使用最小二乘法、多项式回归等，y 的表达式如式（2-6）所示。

$$y = \beta_0 + \beta_1 x_1 + \beta_2 x_2 + \cdots + \beta_n x_n \tag{2-6}$$

（2）聚类模型

聚类属于无监督学习，是将样本集划分为多个类的过程，每个类由相似的若干样本组成，一般需要指定类别个数。设 n 个类别的标签分别为 $\{y_1, \cdots, y_n\}$，每个类别的聚类中心分别为 $\{C_1, \cdots, C_n\}$，m 个待聚类样本分别为 $\{x_1, \cdots, x_m\}$。通常采用欧几里得距离来度量样本与中心间的相似度，距离越小相似度越高，距离越大相似度越低，若样本 x_j 与中心 C_i 之间的距离小于阈值 r，则认为样本类别标签为 y_i，如式（2-7）所示。常见聚类模型包括K均值聚类（K-Means）、系统聚类、DBSCAN等。

$$y_i = \|x_j - C_i\| \leqslant r, j \in [1,m], i \in [1,n] \tag{2-7}$$

（3）分类模型

分类是一种典型的有监督的机器学习方法，其目的是从一组已知类别的数据中学习分类边界，以预测新数据的类别。可将分类模型看作一个函数，假设将样本分为 n 个类别，每个类别标签为 $\{y_1,\cdots,y_n\}$，当输入一个特征向量 $\boldsymbol{x}_j$ 时，模型的输出为该特征向量所属的类别 y_i，如式（2-8）所示。常用分类模型包括神经网络、决策树、支持向量机等。

$$y_i = f(\boldsymbol{x}_j), j \in [1,m], i \in [1,n] \tag{2-8}$$

2.7.2 矩阵理论

由于往往以矩阵形式对多媒体数据进行保存，在数据处理和机器学习模型构建过程中会涉及大量的矩阵操作，因此对矩阵理论相关知识的了解可以帮助更好地学习多媒体取证相关方法的原理，下面介绍矩阵理论中的常用概念。

1. 向量范数

向量范数是对向量大小的度量方式，如欧几里得距离就可以用 L_2 范数计算，因此在计算特征距离或特征归一化时经常使用。常见的向量范数定义如下。

（1）L_0 范数（0范数）：向量中非零元素的个数，即 $\|\boldsymbol{x}\|_0$。

（2）L_1 范数（和范数/1范数）：向量中所有元素的绝对值之和，即 $\|\boldsymbol{x}\|_1 = \sum_{i=1}^{n}|x_i|$。

（3）L_2 范数（Euclidean范数/Frobenius范数）：向量中所有元素的绝对值的平方和的开方，即 $\|\boldsymbol{x}\|_2 = \sqrt{\sum_{i=1}^{n}|x_i|^2}$

（4）L_∞ 范数（无穷范数/极大范数）：向量中所有元素绝对值的最大值，即 $\|\boldsymbol{x}\|_\infty = \max\{|x_1|,\cdots,|x_n|\}$

2. 协方差矩阵

协方差矩阵的各个元素是各个向量元素之间的协方差，是从随机标量到高维度随机向量的自然推广。协方差矩阵度量的是维度与维度之间的关系，而非样本与样本之间。协方差矩阵的主对角线上的元素是各个维度上的方差（即能量），其他元素是两两维度间的协方差（即相关性）。前面所讲的PCA的本质就是对角化协方差矩阵。对于 n 维随机变量

$\boldsymbol{X}=(x_1,x_2,\cdots,x_n)$，协方差矩阵 $\boldsymbol{D}(x)$如式（2-9）所示。

$$\boldsymbol{D}(x)=(c_{ij})_{n\times n}=\begin{pmatrix} c_{11} & \cdots & c_{1n} \\ \vdots & \ddots & \vdots \\ c_{n1} & \cdots & c_{nn} \end{pmatrix} \tag{2-9}$$

其中，$c_{ij}=\mathrm{Cov}(x_i,x_j)$，为 x_i,x_j 的协方差。

3. 空间旋转

空间旋转是图像等数据常用的矩阵操作，其计算方法为使数据左乘一个旋转矩阵，在坐标系变换、向量变换等图形学操作中具有重要作用。二维坐标系与三维坐标系示意如图 2-11 所示。

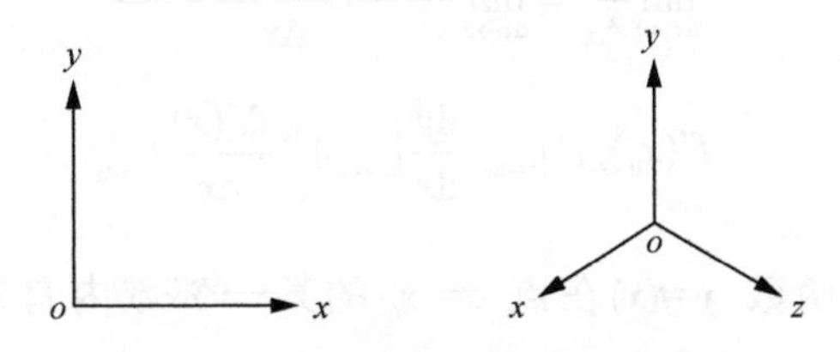

图 2-11　二维坐标系与三维坐标系示意

对于二维空间旋转来说，坐标系顺时针旋转 θ 角度，相当于点逆时针旋转 θ 角度。旋转矩阵构造如式（2-10）所示。

$$\boldsymbol{M}(\theta)=\begin{bmatrix} \cos\theta & -\sin\theta \\ \sin\theta & \cos\theta \end{bmatrix} \tag{2-10}$$

对于三维空间旋转来说，旋转矩阵的构造如式（2-11）～式（2-13）所示。

绕 x 轴进行旋转（在 yoz 平面顺时针旋转）。

$$\boldsymbol{M}_x(\theta)=\begin{bmatrix} 1 & 0 & 0 \\ 0 & \cos\theta & \sin\theta \\ 0 & -\sin\theta & \cos\theta \end{bmatrix} \tag{2-11}$$

绕 y 轴进行旋转（在 zox 平面顺时针旋转）。

$$\boldsymbol{M}_y(\theta)=\begin{bmatrix} \cos\theta & 0 & -\sin\theta \\ 0 & 1 & 0 \\ \sin\theta & 0 & \cos\theta \end{bmatrix} \tag{2-12}$$

绕 z 轴进行旋转（在 xoy 平面顺时针旋转）。

$$\boldsymbol{M}_z(\theta)=\begin{bmatrix} \cos\theta & \sin\theta & 0 \\ -\sin\theta & \cos\theta & 0 \\ 0 & 0 & 1 \end{bmatrix} \tag{2-13}$$

2.7.3 微积分学

微积分学相关知识在取证模型的梯度优化、时域与频域图像的转化、深度学习的网络构建等多种任务中具有重要作用，是数字媒体取证学中重要的基础知识。

1. **微分与积分**

（1）导数定义：设 $y=f(x)$，在 $x=x_0$ 的邻域内，如果极限存在，则称 $f(x)$在点 x_0 处可导，并称此极限为 $f(x)$在点 x_0 处的导数，如式（2-14）～式（2-15）所示。

$$\lim_{\Delta x \to 0}\frac{\Delta y}{\Delta x}=\lim_{\Delta x \to 0}\frac{f\left(x_0+\Delta x\right)-f(x_0)}{\Delta x} \tag{2-14}$$

$$f'(x_0), y'|_{x=x_0}, \frac{\mathrm{d}y}{\mathrm{d}x}|_{x=x_0} \text{ 或 } \frac{\mathrm{d}f(x)}{\mathrm{d}x}|_{x=x_0} \tag{2-15}$$

（2）微分定义：设函数 $y=f(x)$在点 $x=x_0$ 的某一邻域内有定义，如果函数的增量 $\Delta y=f(x_0+\Delta x)-f(x_0)$ 可以表示为 $\Delta y=A\Delta x+o(\Delta x),\ \Delta x \to 0$，其中 A 为不依赖于 Δx 的常数，则称函数 $f(x)$在点 x_0 处可微，称 $A\Delta x$ 为函数 $f(x)$在点 x_0 处相对于自变量增量 Δx 的微分，记为 $\mathrm{d}y=A\Delta x$。

（3）积分定义：对于一个函数 f，如果在闭区间$[a,b]$上，无论怎样进行取样分割，只要它的子区间长度最大值足够小，函数 f 的和都会趋向于一个确定值 S，那么 f 在闭区间$[a, b]$上的积分存在，如式（2-16）所示。

$$\int_a^b f(x)\mathrm{d}x \tag{2-16}$$

2. **傅里叶变换**

傅里叶变换思想为任何函数都可以被写成正弦函数之和。傅里叶变换能将满足一定条件的某个函数表示成三角函数或者它们的积分的线性组合。傅里叶变换是一种分析信号的方法，它可分析信号的成分，也可用这些成分合成信号。许多波形可作为信号的成分，如正弦波、方波、锯齿波等，傅里叶变换将正弦波作为信号的成分。傅里叶变换常用于时域信号 $f(t)$ 和频域信号 $F(\omega)$之间的转换。定义如式（2-17）所示。

$$F(\omega)=F\left(f(t)\right)=\int_{-\infty}^{\infty} f(t)\mathrm{e}^{-\mathrm{i}\omega t}\mathrm{d}t \tag{2-17}$$

反变换如式（2-18）所示。

$$f(t)=\frac{1}{2\pi}\int_{-\infty}^{\infty}F(\omega)\mathrm{e}^{\mathrm{i}\omega t}\mathrm{d}\omega \tag{2-18}$$

3. 卷积

卷积其实和傅里叶变换一样，是一种函数转换工具，只是将函数转换成了不一样的形式，傅里叶变换将原始函数转换成了一系列不同频率的正弦波，卷积将函数转换成一系列冲激。函数 $f(t)$ 与函数 $h(t)$ 的卷积可表示为经过翻转和平移的重叠部分函数值乘积对重叠长度的积分，如式（2-19）所示。

$$f(t)\otimes h(t)=\int_{-\infty}^{\infty}f(\tau)h(t-\tau)\mathrm{d}\tau \tag{2-19}$$

2.7.4 机器学习

机器学习中包含大量统计模型，如 SVM、决策树等分类模型，以及 K 均值聚类等聚类模型。机器学习常用于根据不同特点的数据构建不同的取证模型，本节介绍一些集中常用的估计模型参数与构建模型的算法。

1. EM

最大期望（EM）算法是一种迭代算法，用于含有隐变量的概率模型参数的极大似然估计或极大后验概率估计。EM 每次迭代均由两步组成，即 E 步求期望，M 步求极大，所以也被称为期望极大算法。最大似然估计的目的就是利用已知的样本结果，反推最有可能导致这种结果的参数值。极大似然估计提供了一种给定观察数据来评估模型参数的方法，即模型已定，参数未知。K 均值聚类模型的参数优化过程就体现了 EM 的思路。

2. 贝叶斯算法

贝叶斯算法是机器学习中的一个重要分支，利用了概率论，如概率、条件概率、联合概率等基础知识。主要原理是贝叶斯公式 $P(A|B)=P(B|A)\times P(A)/P(B)$，其中 $P(A)$是 A 的先验概率；$P(A|B)$是已知 B 发生后 A 的条件概率，也由于得自 B 的取值而被称作 A 的后验概率；$P(B|A)$是已知 A 发生后 B 发生的条件概率，也由于得自 A 的取值而被称作 B 的后验概率；$P(B)$是 B 的先验概率。

3. Boosting 算法

Boosting 算法是一种框架算法，主要是通过对样本集的操作获得样本子集，然后用弱分类算法在样本子集上训练生成一系列的基分类器，再进行分类器的联合。每得到一个样本子集，就用基分类算法在该子集上产生一个基分类器，这样在给定训练轮数 n 后，就可产生 n 个基分类器，然后 Boosting 算法对这 n 个基分类器进行加权融合，产生一个结果分类器，在这 n 个基分类器中，单个分类器的识别率不一定很高，但它们联合后的结果分类器有很高的识别率，这样便提高了该弱分类算法的识别率。

2.7.5 神经网络

早期的神经网络结构简单，层数较少，使用范围比较有限，在20世纪50年代末，Rosenblatt[19]设计制作了“感知机”，它是一种多层的神经网络，因其计算代价过高未能发展起来。反向传播（BP，Back Propagation）神经网络于1986年被提出，其结构简单，一般仅处理二分类问题且能力有限。随着深度神经网络的崛起，芯片性价比大幅度提升，以卷积神经网络（CNN）、循环神经网络（RNN）为代表的新型神经网络得到了广泛使用。

人工神经网络可以不必事先确定输入与输出之间的映射关系的数学方程，仅通过自身的训练，学习某种规则，在给定输入值时得到最接近期望输出值的结果，其核心是参数学习算法。

BP神经网络是一种按误差反向传播训练的多层前馈网络，它的基本思想是用梯度下降法更新参数，使网络的实际输出值和期望输出值的误差均方差最小。BP神经网络包括信号的前向传播和误差的反向传播两个过程。在进行前向传播时，输入信号通过隐含层作用于输出节点，经过非线性变换，产生输出信号。反向传播是将输出信号与真实信号的误差通过隐含层向输入层逐层计算梯度，将从各层获得的梯度作为调整神经元权重的依据，使误差沿梯度方向下降，经过多轮训练确定与最小误差相对应的网络参数。

2.7.6 深度学习

深度学习是学习样本数据的内在规律和表示层次，在这些学习过程中获得的信息对诸如文字、图像和声音等数据的解释有很大的帮助。它的最终目标是让机器能够像人一样具有分析学习能力，能够识别文字、图像和声音等数据。深度学习是一个复杂的机器学习算法，其在语音和图像识别方面取得的效果，远远超过先前人工神经网络等相关技术所取得的效果。

1. 卷积神经网络

卷积神经网络是一类包含卷积计算且具有深度结构的前馈神经网络，是深度学习的代表算法之一。卷积神经网络具有表征学习能力，能够按其阶层结构对输入信息进行平移不变分类。卷积神经网络仿造生物的视知觉机制构建，可以进行有监督学习和无监督学习，其隐含层内的卷积核参数共享和层间连接的稀疏性使得卷积神经网络能够以较小的计算量对图像等多媒体数据进行学习。

2. 循环神经网络

循环神经网络是一类以序列数据为输入，在序列的演进方向进行递归且所有节点按链式连接的递归神经网络。循环神经网络具有记忆性、参数共享能力，因此在对序列的非线性特征进行学习时具有一定优势。循环神经网络在自然语言处理，如语音识别、语言建模、机器翻译等领域有相应应用，也被用于各类时间序列预测。引入了卷积神经网络的循环神经网络可以处理包含序列输入的计算机视觉问题。

3. 生成式对抗网络

生成式对抗网络（GAN）是一种深度学习模型。模型通过框架中的两个模块，即生成模型（Generative Model）和判别模型（Discriminative Model）的互相博弈学习产生效果相当好的输出。以生成图片为例，假设有生成模型 G 和判别模型 D。G 接收一个随机的噪声 z，通过噪声生成图片，记作 $G(z)$。向 D 输入一张图片 x，输出 $D(x)$代表 x 为真实图片的概率，输出为 1 代表是真实图片，输出为 0 代表图片 x 不是真实图片。在训练过程中，G 的目标就是尽量生成真实图片去欺骗 D，而 D 的目标就是尽量把 G 生成的图片和真实图片区别开来。这样，G 和 D 构成了一个动态的博弈过程。

2.8 本章小结

本章介绍了数字媒体取证学的内涵、数字媒体取证学研究的科学问题、数字媒体取证学的取证模型分类，以及与数字媒体取证学相关的数学原理、计算机算法，便于读者理解数字媒体取证学的研究目标、研究问题及研究手段。

数字媒体取证学中部分原理的相关数学基础介绍，为后续理论和技术奠定了理论依据和技术支撑。由于篇幅有限，本书只介绍筛选后的部分相关数学基础知识，以便于阅读本书后续章节。还有部分理论未出现在本书中，请读者自行检索和阅读相关书籍。

本章习题

一、术语解释

1. 空时域模型
2. 变换域模型
3. 分类器模型

二、简答题

1. 数字媒体取证学包含的科学问题有哪些?

2. 数字媒体取证学模型有哪些?

3. 视频重编码模型中包含哪些算法类别?

4. 列举 2 种常见的分类模型和 2 种常见的聚类模型?

三、简述题

1. 简述空时域模型中哪些一致性特征可以用于视频取证?

2. 简述变换域模型中图像如何从空域转换到频域?

参考文献

[1] GIBSON J J. The perception of the visual world[J]. The American Journal of Psychology, 1951, 64(3): 440.

[2] HEARST M A, DUMAIS S T, OSUNA E, et al. Support vector machines[J]. IEEE Intelligent Systems and Their Applications, 1998, 13(4): 18-28.

[3] FAN Z G, DE QUEIROZ R L. Identification of bitmap compression history: JPEG detection and quantizer estimation[J]. IEEE Transactions on Image Processing, 2003, 12(2): 230-235.

[4] SHANABLEH T. No-reference PSNR identification of MPEG video using spectral regression and reduced model polynomial networks[J]. IEEE Signal Processing Letters, 2010, 17(8): 735-738.

[5] CONOTTER V, O'BRIEN J F, FARID H. Exposing digital forgeries in ballistic motion[J]. IEEE Transactions on Information Forensics and Security, 2012, 7(1): 283-296.

[6] BESTAGINI P, FONTANI K M, MILANI S, et al. An overview on video forensics[C]//Proceedings of the 20th European Signal Processing Conference (EUSIPCO). Piscataway: IEEE Press, 2012: 1229-1233.

[7] TEW Y, WONG K. An overview of information hiding in H.264/AVC compressed video[J]. IEEE Transactions on Circuits and Systems for Video Technology, 2014, 24(2): 305-319.

[8] HAJJ-AHMAD A, GARG R, WU M. ENF-based region-of-recording identification for media signals[J]. IEEE Transactions on Information Forensics and Security, 2015, 10(6): 1125-1136.

[9] JIANG X H, HE P S, SUN T F, et al. Detection of double compression with the same coding parameters based on quality degradation mechanism analysis[J]. IEEE Transactions on Information Forensics and Security, 2018, 13(1): 170-185.

[10] GARG R, VARNA A L, WU M. “Seeing” ENF: natural time stamp for digital video via optical sensing and signal processing[C]//Proceedings of the 19th ACM international conference on Multimedia. New York: ACM Press, 2011: 23-32.

[11] GARG R, VARNA A L, HAJJ-AHMAD A, et al. “Seeing” ENF: power-signature-based timestamp for digital multimedia via optical sensing and signal processing[J]. IEEE Transactions on Information Forensics and Security, 2013, 8(9): 1417-1432.

[12] GARG R, ROUSSOS A, AGAPITO L. A variational approach to video registration with subspace constraints[J]. International Journal of Computer Vision, 2013, 104(3): 286-314.

[13] DUMAS T, ROUMY A, GUILLEMOT C. Context-adaptive neural network based prediction for image compression[J]. IEEE Transactions on Image Processing: a Publication of the IEEE Signal Processing Society, 2019, 29: 67-79.

[14] JIANG X H, XU Q, SUN T F, et al. Detection of HEVC double compression with the same coding parameters based on analysis of intra coding quality degradation process[J]. IEEE Transactions on Information Forensics and Security, 2020, 15: 250-263.
[15] JIANG X H, WANG W, SUN T F, et al. Detection of double compression in MPEG-4 videos based on Markov statistics[J]. IEEE Signal Processing Letters, 2013, 20(5): 447-450.
[16] SUN T F, WANG W, JIANG X H. Exposing video forgeries by detecting MPEG double compression[C]//Proceedings of 2012 IEEE International Conference on Acoustics, Speech and Signal Processing (ICASSP). Piscataway: IEEE Press, 2012: 1389-1392.
[17] XU Q, JIANG X H, SUN T F, et al. Motion-adaptive detection of HEVC double compression with the same coding parameters[J]. IEEE Transactions on Information Forensics and Security, 2022, 17: 2015-2029.
[18] XU Q, JIANG X H, SUN T F, et al. Detection of HEVC double compression with non-aligned GOP structures via inter-frame quality degradation analysis[J]. Neurocomputing, 2021, 452: 99-113.
[19] ROSENBLATT F. The perceptron: a probabilistic model for information storage and organization in the brain[J]. Psychological Review, 1958, 65(6): 386-408.

第3章

数字音频篡改被动取证检测

3.1 引言

随着万物互联互通时代的到来，智能移动设备逐渐走入家家户户，多媒体信息呈现出传播速率快、数据量巨大等特性，数字音频更是人们日常生活和工作中不可或缺的交流方式之一。信息技术的飞速发展，使得数字音频的录制、存储和传播成本变得越来越低，数字音频的收集和分享成为当下日常交流的流行方式[1]。与此同时，各种音频编辑软件如雨后春笋般出现，使得数字音频的编辑变得更容易上手，极大程度地丰富了人们的娱乐生活。但一些不法分子也可以简单方便地对音频文件进行篡改和伪造，以达到不可告人的目的，这导致存在严重的安全隐患，也为全球的民生、经济、政治和社会带来严重的威胁[2]。

被动取证技术直接分析数字语音信号中的固有特征，进而通过对待测数据的来源、待测数据的完整性及待测数据的真实性等进行判定来达到取证的目的。针对数字音频篡改被动取证的研究处于发展阶段，还有很多亟待解决的问题，仍需要大量深入和细致的工作。因此，本章拟对数字音频编解码标准、数字音频篡改攻击方法现状和分类，以及数字音频篡改被动取证方法现状和分类进行详细介绍。

3.2 数字音频编解码标准概述

表3-1展示了数字音频分类。通常情况下，将人耳能够听到的频率在20 Hz～20 kHz的声波称为音频信号。而人的发音器官发出的声音频率为80～3400 Hz，说话的信号频率为300 Hz～3 kHz。在多媒体信息技术中，音频信号主要包括语音、音乐、机器声、自然环境噪声、动物叫声等。

表 3-1　数字音频分类

信号类型	频率范围	采样频率/kHz	量化精度/bit
电话话音	200～3400 Hz	8	13～16
宽带话音	50～7000 Hz	16	16
调频广播	20 Hz～15 kHz	32	16
高质量音频	20 Hz～20 kHz	44.1	16

对音频信号进行数字化有利于其在各种应用场景中传输、处理和存储。但数字音频信号的数据量越来越大，这为音频信号的存储和传输带来了巨大的困难。数据压缩方法可以有效减小数字音频的存储空间并提高传输效率。在数字音频的压缩过程中，需要充分考虑人的听觉器官构造和对声音的感知情况，保证还原后的音频质量与原始音频质量无差别。

3.2.1　数字音频编解码标准的指标

在日常的生活工作中，人们听到的声音都是模拟信号，被称为模拟音频。它在存储和传输过程中存在明显不足，因此在音频压缩前需要将模拟音频转化为数字音频，即音频信号的数字化。音频信号数字化的本质是对连续变换的声音信号进行采样和量化，采样频率和量化精度是衡量音频质量好坏的重要指标。

（1）采样频率

将采样频率定义为计算机每秒采集的声音样本数量。采样频率越高，即采样的间隔时间越短，在单位时间内计算机得到的声音样本数据就越多，对声音波形的表示也越精确。每秒从连续的音频信号中提取并组成离散信号的采样个数，用 Hz 表示。采样频率的倒数是采样周期，即采样时间间隔。

采样定理是音频采样的理论依据，也被称为奈奎斯特采样定理。只有采样频率高于音频信号最高频率的两倍时，才能将数字信号表示的音频还原为原来的声音。因此，采样定理可以确定音频信号的上限频率，或者能够获得连续音频信号的下限频率。

（2）量化精度

量化是指用二进制表示采样后的音频信号，量化精度为每个音频样本的比特数。量化精度越高，说明声音质量越好，需要的存储空间也越大。反之，量化精度越低，声音质量越差，所需要的存储空间也越小。

3.2.2　数字音频编解码标准的发展

在数字音频领域，我国采用的标准大多数由国外公司和组织制定，如运动图像专家组

（MPEG-x，Moving Picture Experts Group-x）、DTS（Digital Theater System）、Dolby AC-3（Audio Code Number 3）和 H.264 等。在使用这些标准的过程中，我国需要向国外相关专利部门缴纳巨额的专利费。因此，制定具有完全自主知识产权的数字音频编解码标准意义重大。

2007 年，原信息产业部正式批准具有自主知识产权的《多声道数字音频编解码技术规范》成为电子行业标准，简称为 DRA（Digital Rise Audio）编解码标准。2008 年，DRA 编解码标准被批准成为我国数字音频的国家标准，有效填补了我国在数字音频领域中的一大空白，极大程度地推动了我国音频产业的发展，提升了国际竞争力。

数字音频技术经历了几十年的飞速发展，形成了多种编解码标准。本节将详细介绍 MPEG-x、Dolby AC-3 和 DRA 这 3 种编解码标准，它们对数字音频技术发展有极大的推动作用。

（1）MPEG-x 编解码标准

MPEG 正式名称为 ISO/IEC JTC1/SC29/WG11，是由国际标准化组织（ISO）于 1998 年制定的，是视频与音频编解码标准之一。

MPEG-x 编解码标准经过多年的研究形成了多种标准，主要包括 MPEG-1、MPEG-2、MPEG-3 和 MPEG-4。MPEG-1 编解码标准制定于 1992 年，其对采样频率为 32 kHz、44.1 kHz 和 48 kHz 的 16 位脉冲编码调制（PCM）信号编码。在此基础上，MPEG-2 编解码标准被提出，其被定义为两种数据压缩格式，分别为 MPEG-2 Audio 和 MPEG-2 AAC。其中，MPEG-2 Audio 也被称为 MPEG-2 BC，它与 MPEG-1 是兼容的。MPEG-2 BC 在 MPEG-1 双声道中增加了独立的环绕声道。

MPEG-4 编解码标准是于 1998 年 11 月公布的国际标准，它不仅针对一定比特率下的视频和音频编解码，而且注重多媒体系统的交互性和灵活性。MPEG-4 编解码标准主要应用于视频电话、电子新闻、电子邮件等，其对传输速率的要求较低。

（2）Dolby AC-3 编解码标准

Dolby AC-3 是由美国杜比（Dolby）实验室开发研制的多声道音频压缩技术。它是一种感知编码的、高效率的自适应变换编码器，其提供的环绕声系统由 5 个全频域声道和 1 个超低音声道组成，被称为 5.1 声道。

Dolby AC-3 系统具有 100%的自适应比特分配能力，允许数据传输速率在 32～640 kbit/s 变化。同时，Dolby AC-3 系统的音频质量高，编码器的复杂度高，时延达到 100 ms。

（3）DRA 编解码标准

DRA 是由广州广晟数码技术有限公司开发的一种数字音频编解码技术。

DRA 技术参数指标如表 3-2 所示。DRA 编解码标准支持立体声和多声道环绕声的数字音频编解码。它最大的特点是可以用较低的解码复杂度实现国际先进水平的压缩效率，每声道在 64 kbit/s 的码率下达到了欧洲广播联盟（EBU，European Broadcasting Union）定义的“不可识别损伤”的音频质量。DRA 技术的特点在于采用自适应时频分块（ATFT）方法实现对音频信号的最优分解，进行自适应量化和熵编码。DRA 技术在编解码过程中，所有信号通道均有 24 bit 的精度容量，在码率充足时能够提供超出人耳听觉能力的音质。

表 3-2 DRA 技术参数指标

参数名称	参数指标
采样频率范围	32～192 kHz
采样精度	24 bit
比特率范围	32～9612 kbit/s
可支持的最大声道数	64.3，64 个正常声道，3 个低频增强声道
音频帧长	1024 个采样点
支持编码模式	CBR、VBR、ABR
压缩效率	每声道在 64 kbit/s 的码率下达到了 EUB 定义的“不可识别损伤”的音频质量

3.3 数字音频篡改攻击方法现状和分类

数字音频的篡改攻击对象有两大类，分别为人类听觉系统（HAS）和机器听觉系统。针对人类听觉系统的攻击，基于深度学习的数字音频篡改技术已经引起社会各界的关注。数字音频篡改攻击是实现舆论操控的核心技术之一，篡改者可以通过合成目标说话人的语音，操控目标发表有目的的虚假言论[3]。当篡改者利用虚假音频煽动危害国家的暴力冲突时，会严重影响国家政权安全和公民的生命安全。针对机器听觉系统的攻击，语音是万物互联互通时代人机交互的重要接口之一，基于说话人声纹特征的身份认证技术在各种智能设备、网络交易的安全访问控制中发挥着举足轻重的作用，因此针对自动说话人验证（ASV）系统的恶意攻击，将非法获取目标用户的访问权限，实现对目标用户的智能设备、安全账户的操控，给基于语音的安全访问控制带来严重的威胁。

目前，数字音频篡改攻击方法主要包括数字语音模仿（Impersonation）攻击、数字语音合成攻击、数字语音转换攻击及数字语音重放攻击。由于数字语音模仿攻击和数字语音重放攻击技术实现简单，因此本节将主要对数字语音合成攻击和数字语音转换攻击两类数字音频篡改攻击方法的研究现状和分类进行详细介绍。

3.3.1 数字语音合成攻击

数字语音合成攻击的定义为根据给定的文字内容合成符合目标说话人风格的语音，实现文本到声音的映射。典型的数字语音合成攻击系统基础框架如图 3-1 所示，包括前端文本分析和后端语音波形生成两部分。前端文本分析将输入文本通过规范化、分词、词性标注等步骤生成对应的音素序列、时长预测等信息；后端语音波形生成根据文本分析生成的结果合成目标说话人的语音波形[4]。

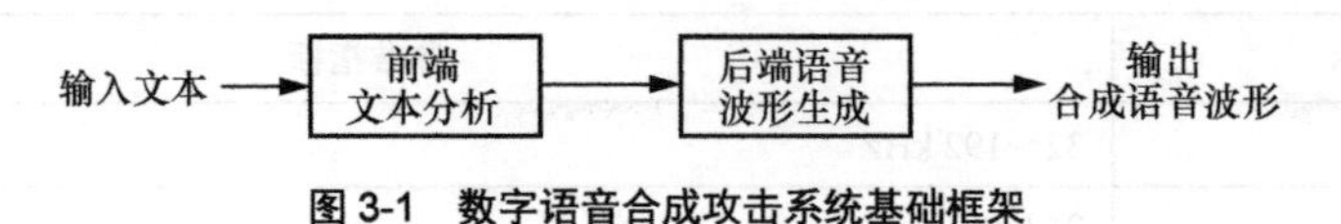

图 3-1　数字语音合成攻击系统基础框架

数字语音合成攻击技术大致可被分为两类，分别为传统语音合成攻击技术和基于深度学习的语音合成攻击技术。传统语音合成攻击技术主要包括波形拼接法等。波形拼接法将自然语音数据中的语音单元按照一定的规则拼接，合成与目标说话人高度相似且自然的语音，包括语料库收集、声学单元选取、拼接伪造等步骤。简单的波形拼接主要利用编辑软件直接对音频信号进行裁剪、插入、复制粘贴等修改操作，即进行复制粘贴篡改。

随着深度学习技术的快速发展，数字语音合成攻击技术逐渐从传统语音合成攻击技术发展为基于深度学习的语音合成攻击技术。目前基于深度学习的语音合成攻击技术已经逐渐采用端到端语音合成机制，即将文本分析和波形生成过程相连接，直接输入文本或者注音字符，输出语音波形[5]。因此，下面将详细介绍基于深度学习的语音合成攻击技术。

随着深度学习技术的快速发展，近年来数字语音合成攻击技术基本采用深度学习方法，主要包括管道式（Pipeline）语音合成和端到端式语音合成两类。管道式语音合成整体上可被分为文本分析、声学模型、声码器 3 个模块。文本分析模块根据输入文本进行韵律预测和每个音素的时长预测；声学模型建立文本特征和声学特征之间的联系，并将文本分析的输出通过深度神经网络映射到声学特征；声码器实现声学参数到语音波形的转换。因此，基于神经网络的建模方法逐步成为语音合成的主流方法。

基于隐马尔可夫模型（HMM，Hidden Markov Model）参数的语音合成方法在训练过程中建立文本参数与音频参数之间的映射关系。但该方法存在决策树聚类、声码器语音合成、动态参数生成等环节，会导致语音音质下降的问题。因此，有研究学者提出利用深度置信网络（DBN，Deep Belief Network）和长短期记忆（LSTM，Long Short-Term Memory）网络等神经网络代替决策树的作用，利用神经网络强大的非线性数据模拟能力来建立文本特征和声学特征之间的关系。针对决策树聚类问题，通过深度神经网络建立文本特征和声学特征之间的映射关系，替代传统浅层模型以提高模型精度和表现力[6]。基于神经网络的统计参数语音合成攻击框架如图 3-2 所示。

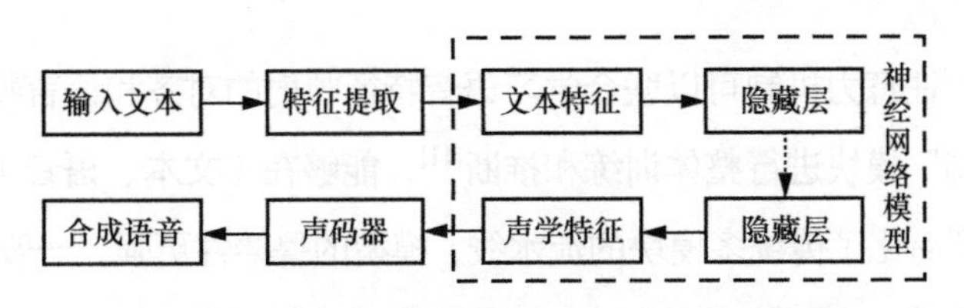

图 3-2 基于神经网络的统计参数语音合成攻击框架

传统参数系统建模时，存在信息损失，限制了合成语音表现力的进一步提升，促使端到端语音合成的出现。研究者希望能够尽量简化语音合成系统，减少人工干预和对语言学相关背景知识的要求，直接向端到端语音合成系统输入文本或者注音字符，系统即可输出语音波形。前端模块得到极大简化，甚至可以直接省略。端到端语音合成系统相比传统语音合成系统，降低了对语言学知识的要求，可以方便地在不同语种上进行复制，批量实现几十种甚至更多语种的合成系统[7]。借助于深度学习模型的表达能力，端到端语音合成系统具有良好的合成效果、丰富的发音风格与较好的韵律表现力。

① Seq2Seq 模型

Seq2Seq 模型由 Sutskever 等[8]提出。Seq2Seq 模型最早出现在 2014 年，应用于机器翻译领域[9]，并且在处理输入序列与输出序列不等长的问题上展现出优良的性能。因此，其他领域也开始使用这一模型解决问题。目前 Seq2Seq 模型在机器翻译、语音识别、文本摘要、问答系统等领域取得了很大进展。Seq2Seq 模型的本质是编解码器结构的网络，每部分都是一个 RNN（LSTM、GRU 等）结构。编码器将一个序列编码为一个固定长度的中间向量，解码器将该中间向量解码为另一个序列，这种结构是为了解决输入序列和输出序列不等长的问题。

② 注意力机制

注意力机制的研究最早出现在心理学中，当我们看到一个画面时，虽然面对的是整个大画面，但是注意力只集中在画面中的某个点上。一些研究人员将注意力机制与神经网络结合应用在不同任务中，并且不同程度地取得了与传统方法相比更为显著的优势，让编码器编码出的向量 $\boldsymbol{c}$ 与解码器解码过程中的每一个输出进行加权运算[10]，并调整权重以得到不一样的向量 $\boldsymbol{c}$。假设编码器的每个隐藏状态均为 $\boldsymbol{h}$，序列长度为 T，那么在第 t 个时刻向量 $\boldsymbol{c}$ 的计算方式如式（3-1）所示。

$$\boldsymbol{c}_t = \sum_{n=1}^{T_h} \alpha_t^n h_n \tag{3-1}$$

在编码器的每次输出中，注意力机制都将编码的序列概括为一个上下文向量 $\boldsymbol{c}$。在每个解码器上使用注意力概率计算上下文向量 $\boldsymbol{c}$，其中 $\alpha_t = \left[\alpha_t^1, \cdots, \alpha_t^{T_h}\right]$ 是注意力概率，t 是解码时间步，n 是编码器输出的索引。

在语音合成中，注意力机制可以联合学习语音特征映射的对齐和语言特征，从而从“文本端”模块到“语音端”模块进行整体训练和推断[11]，能够在（文本、语音）数据集上直接训练模型。端到端的模型简化了传统多模块的流水线，模型的鲁棒性更强，一般来说，“文本端”模块依赖于语言，而设计一个好的“文本端”模块需要具有关于特定语言的专业知识，以及花费大量的时间和精力。而端到端的语音合成系统直接从文本预测音频，可以方便地从头开始训练声学模型，这有助于在没有明确的文本分析模块的情况下构建端到端的语音合成系统，避免由分离的训练模块引起的累积误差。编解码器结构如图 3-3 所示。

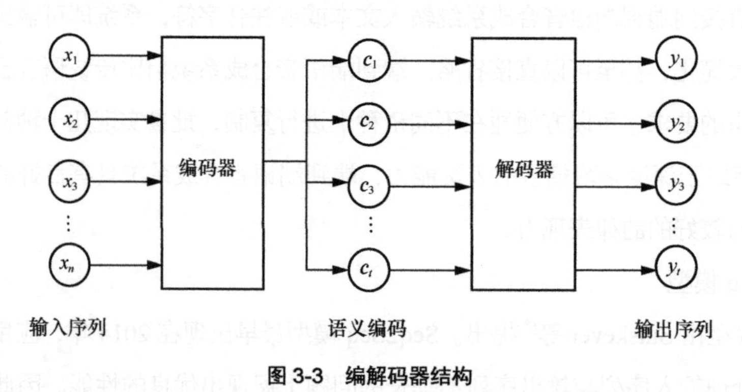

图 3-3 编解码器结构

3.3.2 数字语音转换攻击

数字语音转换攻击是指将源说话人的语音转换为符合目标说话人风格的语音，实现声音到声音的映射。典型的数字语音转换攻击模型框架如图 3-4 所示，包括语音分析、特征映射和波形重构 3 个主要流程。首先，通过语音分析和映射模型对数字音频进行预处理，目的是得到源说话人语音和目标说话人语音的声学特征；然后，特征映射对说话人的相关信息进行转换，这是实现数字语音转换攻击的核心功能；最后，进行波形重构实现转换语音的合成，主要是将转换后的声学特征重构成语音波形信号。

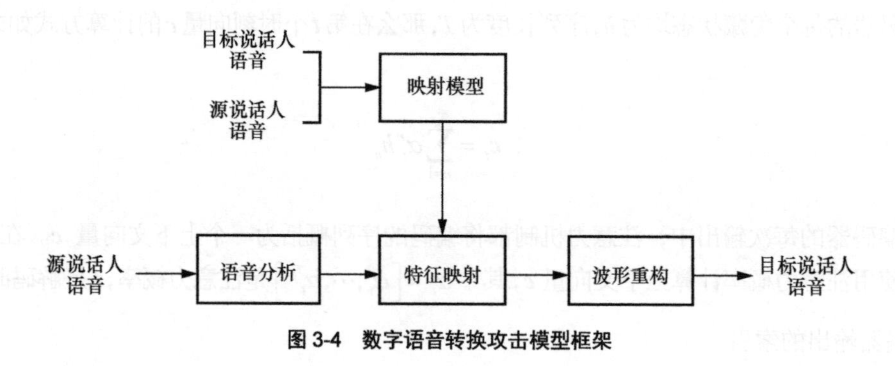

图 3-4 数字语音转换攻击模型框架

针对所需要的训练数据形式和数据对齐任务的不同，数字语音转换攻击技术可被分为基于平行语料和基于非平行语料的两类语音转换。

平行语料，即源说话人语音和目标说话人语音训练数据成对且语音内容相同。基于平行语料的语音转换需要对源说话人语音特征和目标说话人语音特征进行时间对齐操作，然后进行特征映射。帧对齐的方法有动态时间规整，音素对齐的方法有自动语音识别等。基于平行数据的统计建模方法包括基于参数统计的高斯混合模型、最小二乘回归、方向核偏最小二乘法和基于非参数统计的非负矩阵分解方法等。

非平行语料，即源说话人语音和目标说话人语音训练数据的语言内容不相同，因此在非平行语料的语音转换中，建立源说话人和目标说话人之间的映射更为复杂。基于非平行数据的统计建模方法包括基于音素后映射图的方法等。近年来，随着深度学习的发展，借助深度神经网络的学习能力，可以从大量语音数据中集中学习映射关系，提高了语音转换的语音质量和相似度。

3.4 数字音频篡改被动取证方法现状和分类

语音是人类交流和人机交互的主要通信信息，不仅传递了说话人需要表达的语言内容，也包含说话人所独有的身份特征。近年来，在数字音频文件中蕴含着许多关键信息，其传播越来越频繁，在司法取证、新闻报道、科学研究等领域中扮演着举足轻重的角色。但大量数字音频篡改伪造事件发生，使人们对数字音频文件的真实性和完整性存在一定的质疑[12]。针对有意甚至恶意篡改数字音频的行为，研究有效的数字音频篡改检测方法已经迫在眉睫，对打击诈骗犯罪、保证司法的公正性和维护新闻的公信力等具有重大的现实意义[13]。

数字音频篡改被动取证技术旨在确定数字音频文件的真实性和完整性[14]。国内很多高校和研究机构，如上海交通大学、中国科学技术大学、深圳大学及中山大学等，在数字音频篡改被动取证的各个方面开展了研究，且在国际上有了一定的影响力。与此同时，在每年的国际信息隐藏和多媒体安全研讨会上，都有关于数字音频篡改被动取证的成果报道。而众多诸如ICASSP、ICIP、ICME、ACM Multimedia、WIFS和IWDW等国际会议，也会专门安排有关数字音频篡改被动取证的专题。

目前，数字音频篡改被动取证方法大致可以被分为两类，分别为数字音频来源被动取证方法和数字音频内容篡改被动取证方法。本节将对上述两种方法的研究现状和分类进行详细介绍。

3.4.1 数字音频来源被动取证方法

随着语音处理技术及智能设备的快速发展，不法分子可以轻易地利用各种手段生成特定说话人的伪造音频。对数字音频的来源取证，能够有助于取证专家评估该音频的可靠性和真实性，且是被动取证技术的研究热点之一[15]。数字音频来源被动取证方法主要被分为基于重翻录语音的检测方法、基于计算机合成语音的检测方法、基于变形语音的检测方法及基于网络电话语音的检测方法。

（1）基于重翻录语音的检测方法

随着电子录音设备功能的完善及录音质量的不断提升，不法分子会通过使用这些高质量的语音采集设备非法地采集特定说话人的语音。采集而来的语音能够用于冒充说话人，进而用于攻击说话人的身份认证系统[16]。因此，虽然重翻录语音的获取相对简单，但重翻录在一定程度上可以被当作一种后处理手段。部分数字语音篡改者在篡改完语音信号后，可以通过重翻录的手段来抹除语音上的篡改痕迹。

针对数字音频的重翻录检测一直是音频取证领域中的热门研究方向。在国际上也有针对基于重翻录语音检测方法的比赛（如 ASVspoof 2017[17]、ASVspoof 2019[18]及 ASVspoof 2021[19]等）。与正常的语音信号相比，重翻录语音所经历的传输信道会有所差异。目前有相当一部分研究工作通过捕捉传输信道在重翻录语音中留下的痕迹来进行重翻录语音的检测。

（2）基于计算机合成语音的检测方法

计算机合成语音主要是指通过文本转语音及语音转换等技术生成一段目标说话人根本没有说过的伪造语音。其中文本转语音是指通过各种技术，根据文本中的内容来生成对应的语音，从而合成特定说话人的语音。语音转换是指将一段源说话人的语音转换为目标说话人的语音[20]。

近几年来，基于计算机合成语音的检测技术逐渐成为音频取证领域的热门研究方向。目前国际上有各大合成语音检测比赛（如 ASVspoof 2015、ASVspoof 2019、ASVspoof 2021、CSIG 图像图形技术挑战赛伪造语音赛道）。虽然目前语音合成技术已经比较成熟，但合成的语音在频域能量分布及语音情感拟真度等方面与真实语音相比，依然有差异。因此，许多取证专家会根据合成语音与真实语音中生物信息的细微差异来检测合成语音[21]。

（3）基于变形语音的检测方法

除了数字音频的重翻录和合成等比较常见的说话人身份伪造手段外，变形语音也能够对说话人身份进行伪装。变形语音是通过变调、声道长度归一化（VTLN）等语音处理技术来改变说话人原始语音的声音特性而得到的伪造语音。在日常生活中，变形语音技术常用于进行媒体受访人的隐私保护。通过变形语音，说话人能够有效地对自己的身份进行隐藏。正因如此，许多不法分子也通过各种变形语音技术对自己的语音进行伪装，从而隐藏自己的身份，并以此掩盖自身的罪行[22]。

近年来，涉及变形语音的诈骗案件层出不穷。因此，辨识变形语音能够提高群众对可疑语音的警惕性。对变形语音进行复原还能够为公安机关追查犯罪嫌疑人提供重要线索。目前，针对辨识变形语音的研究工作较少，已有的工作主要针对变调语音的识别。因此，基于变形语音的检测方法仍然有待研究学者进行深入的探索。

（4）基于网络电话语音的检测方法

随着各种通信技术的发展及互联网应用的普及，VoIP 网络电话以其廉价性和便利性吸引了一大批用户。用户通过使用网络电话，能正常地与固定电话及移动电话用户进行通信。但是，用户使用网络电话却不需要固定的电话号码。此外，用户能够通过网络电话软件任意地设置自己的呼叫显示号码。因此，对于网络电话用户而言，其电话号码无法作为身份认证的依据，但是在传统的固定电话及移动电话中，呼叫显示的号码能够作为身份的证明。

目前针对识别网络电话语音的研究比较少。Balasubramaniyan 等[23]提出一种基于接收语音传输信道指纹的来源识别的方法，名为 PinDr0p。在 PinDr0p 中，可以发现 VoIP 网络中存在丢包（Packet Loss）现象，而该现象能够被语音信号的短时平均能量（STAE，Short-Time Average Energy）捕捉。通过语音编码信息块残差信号之间的相关性，PinDr0p 能检测接收的语音中是否存在丢包现象，从而判断该语音的来源。

3.4.2　数字音频内容篡改被动取证方法

数字音频内容篡改主要指的是使用音频编辑软件中的裁剪、拼接及复制粘贴等操作对音频的内容进行修改，以达到改变音频真实语义的目的。一段被裁剪前后的数字音频片段如图 3-5 所示。假如图 3-5 为法庭证据的录音材料，将“他不是犯罪嫌疑人”中的“不”字删除，变成“他是犯罪嫌疑人”，则经过裁剪后，原始数字音频的语义被完全改变，影响了判决的公正性。因此，鉴定待测数字音频内容的真实性尤为必要。

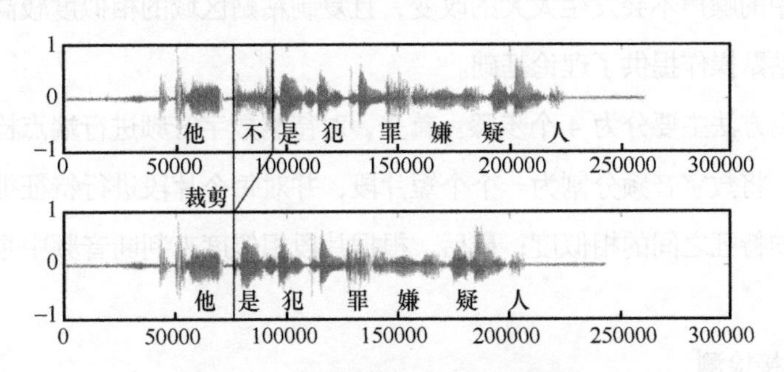

图 3-5　一段被裁剪前后的数字音频片段

依据篡改手段和检测策略等，数字音频内容篡改被动取证方法可以被分为以下几类。第 1 类是基于篡改操作的检测方法；第 2 类是基于数字音频重压缩的检测方法，该方法针对各种压缩格式的编码方式，分析相关特征实现检测；第 3 类是基于录制设备和环境的检测方法，根据音频中必然包含的录制设备信息和环境特征进行分析检测；第 4 类是基于数字音频的后处理检测方法，依据遗留的后处理痕迹设计相关特征实现检测。数字音频内容篡改被动取证方法分类如图 3-6 所示。

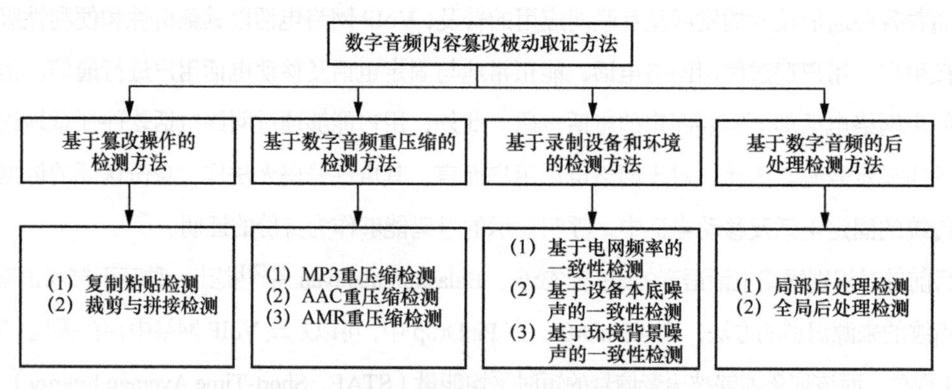

图 3-6　数字音频内容篡改被动取证方法分类

（1）基于篡改操作的检测方法

篡改者为了修改一段数字音频的语义，往往会使用音频编辑软件（如 GoldWave、Audacity 等）对数字音频的部分内容进行裁剪、拼接等操作，伪造的语音中会遗留一些处理过的痕迹。基于篡改操作的检测方法主要包含两类，分别为复制粘贴检测和裁剪与拼接检测。

① 复制粘贴检测

复制粘贴是一种常见的语音篡改手段。在针对数字音频进行的复制粘贴篡改过程中，篡改者通过复制音频语义中的某个字或某个词，并把复制的部分语义粘贴到同一音频语义的其他位置中，从而使生成的语音语义与原始的语音语义不同。对数字音频的复制粘贴操作都在同一句话中，生成音频中的噪声不会发生太大的改变，且复制粘贴区域的相似度较高，这为研究人员判断是否为复制粘贴操作提供了理论基础。

复制粘贴检测方法主要分为 4 个步骤。首先，对待测数字音频进行端点检测；然后，根据端点检测的结果，将数字音频分割为一个个短片段，并对每个片段进行特征提取；再次，计算每个片段所提取的特征之间的相似度；最后，根据片段相似度来判断音频中是否存在复制粘贴的语音片段[24]。

② 裁剪与拼接检测

数字音频的裁剪与拼接检测是数字音频取证领域中的研究热点之一。在数字音频的裁剪操作中，篡改者首先利用音频编辑软件确定数字音频中每个字或词的位置，然后筛选出需要处理的语音区域，并利用软件的裁剪功能直接删除选择的区域。在此基础上，通过音频编辑软件将裁剪边界两端的音频拼接在一起，从而获得新的数字音频。

对数字音频进行裁剪与拼接操作，在伪造音频中篡改的边界会出现不连续的现象。其中，拼接操作后音频的不连续现象往往会更加明显。目前，研究人员提出了大量的数字音频裁剪与拼接检测方法[25]。

（2）基于数字音频重压缩的检测方法

在日常生活和工作中，为了提高数字音频的传输效率和节省存储容量，人们往往会对音频进行特定格式压缩。常用的音频压缩格式主要有 MP3、AAC、AMR 等。重压缩，又被称为二次编码，其主要过程由 3 部分组成。首先，需要对数字音频进行解码以获得音频的波形；然后，在音频波形的基础上进行篡改；最后，对篡改后的音频波形文件进行重新编码，得到原本的压缩格式。因此，对数字音频的压缩历史进行检测，有助于判断数字音频是否被篡改。

① MP3 重压缩检测

在经 MP3 格式压缩的数字音频文件中，所包含的一个重要特征为量化改进离散余弦变换（MDCT）系数趋于零，而 MDCT 系数围绕着零分布的主要原因是其频谱成分的掩蔽效应。数字语音压缩历史检测的技术也比较成熟。其中大部分检测方法被用于检测重压缩 MP3[26-27]。

② AAC 重压缩检测

在 MP3 重压缩检测的基础上，针对基于 AAC 格式的重压缩检测的研究工作也取得了一定进展。其中，Jin 等[28]发现重压缩 AAC 语音的霍夫曼码本索引（Huffman Codebook Index）的分布与单次压缩 AAC 语音的霍夫曼码本索引分布的规律不同。Huang 等[29]发现 AAC 语音的尺度因子（Scale Factor）会随着重压缩次数的增加而减小，基于此，提出了基于压缩前后 AAC 语音尺度因子差异统计特性的重压缩 AAC 语音的检测方法。该方法能够对从低比特率压缩到高比特率的 AAC 语音取得超过 99%的检测准确率，而对于同码率重压缩的 AAC 语音，该方法也能取得接近 98%的检测准确率。

③ AMR 重压缩检测

在针对 AMR 重压缩检测的研究工作中，Luo 等[30]先把语音信号分割成多个不重叠的小片段，然后使用栈式自编码（SAE）网络来提取每个小片段的深层特征，最后通过多数表决来判断整个语音信号是否为二次压缩的 AMR 语音。该方法能够对 2 s 的重压缩 AMR 语音取得 95%以上的检测准确率。在文献[31]中，他们同样将语音信号分割成多个小片段，然后使用 SAE 来提取每个小片段的特征，最后将所有小片段的特征输入通用背景模型–高斯混合模型（UBM-GMM）中进行分类。这个检测方法不仅能够有效地检测重压缩 AMR 语音，还能够检测原始压缩格式为 MP3、WMA、AAC、GSM 而重压缩格式为 AMR 的语音。

综上所述，大多数基于数字音频重压缩的检测方法在处理由低比特率转化为高比特率或者同比特率转化的篡改音频文件时的检测准确率较低。同时，数字音频经过双压缩，不一定意味着音频一定被篡改，普通的数字音频在分享过程中也会被重新压缩甚至被多次压缩。因此基于数字音频重压缩的检测方法只能作为一种有效的辅助方法。

（3）基于录制设备和环境的检测方法

在数字音频文件中包含着录制设备和环境的相关特征，且具有一定的稳定性。如果数字音频的长度太短，就会难以确保其特征的稳定性。根据特征的一致性可以判断音频是否经过篡改。基于录制设备和环境的检测方法可以被分为基于电网频率的一致性检测、基于设备本底噪声的一致性检测和基于环境背景噪声的一致性检测。

① 基于电网频率的一致性检测

在某一地区或国家里，电网频率的波动在相当长的一段时间内具有稳定性和唯一性。同时，电网频率存在非周期性波动，且对同一电网内所有设备的影响是相同的。电网频率信号可以被看作一种天然嵌入数字音频的水印信号，也可以作为时间戳来使用。当录制设备采用电网供电时，在数字音频文件中含有电网频率信号。基于电网频率的一致性检测主要有两个研究思路。第一个研究思路是将电网频率信号与供电部门的电网频率信号数据库中的数据进行对比，从而确定音频录制时间是否一致。但是建立电网频率信号数据库的难度高且代价大，目前尚未有实用价值高的电网频率信号数据库。第二个研究思路是从电网频率信号中提取一些特征，进行一致性或规律性分析。

由于需要使用较长的音频才能准确地提取电网频率信息，因此难以对在较短的语音片段上发生的篡改进行检测和定位。以智能手机、录音笔为代表的便携式录音设备在人们的生活中得到了极大普及，人们越来越倾向于使用这类录音设备录制语音。然而这些录音设备在使用时并不需要接入电网，其所录制的数字语音并不能使用电网频率进行鉴定。基于上述几点原因，基于电网频率的一致性检测技术在当前的数字语音取证环境中受到了极大限制。

② 基于设备本底噪声的一致性检测

将数字音频的声音信号通过录音设备进行 A/D 转换，由模拟信号转化为二进制信号，数字音频在采集、转换、量化的过程中一定会引入一些特定的噪声，被称为设备本底噪声。根据不同设备产生的设备本底噪声并不完全相同这一特点，通过分析数字音频的设备本底噪声差异可以有效判断音频信号是否被篡改。

③ 基于环境背景噪声的一致性检测

在录制数字音频的过程中，数字音频含有的环境背景噪声具有一定的稳定性，这是篡改检测的重要依据之一。

基于环境背景噪声的一致性检测可以分为两步，首先进行语音和噪声或混响的分离，再对噪声或混响进行特征分析。进行语音和噪声或混响分离是信号领域一个关键研究课题，面临着各方面的问题，如实际环境的复杂性难以预测、极短噪声采样下的语音和噪声或混响的分离很难进行。在对噪声或混响的一致性分析中，如何选取最优特征集表征环境背景噪声仍是值得探讨的问题。

（4）基于数字音频的后处理检测方法

篡改者为了去除伪造音频中残留的篡改痕迹，通常会对伪造音频再进行后处理操作，从而提升伪造音频的难以检测性。但是不管篡改者采用何种后处理手段，最终的伪造音频都含有后处理痕迹。基于数字音频的后处理方式主要有混响、加噪、去噪和滤波。基于数字音频的后处理检测方法主要包含局部后处理检测和全局后处理检测。

① 局部后处理检测

篡改者在对数字音频进行篡改的过程中，部分音频编辑软件不会对伪造音频进行后处理操作，但也有部分音频编辑软件（如 Adobe Audition、Cool Edit Pro 等）会对音频的篡改边界进行局部的后处理[32]。在数字音频的裁剪过程中，音频信号在裁剪后边界的幅度值会存在一定的差异。为了消除音频裁剪后边界两端的不连续性，Adobe Audition 等音频编辑软件会对数字音频进行局部滤波的操作。

② 全局后处理检测

在音频的后处理操作中，数字音频的全局后处理与局部后处理的操作比较相似。它们的主要区别在于，全局后处理操作会对整个数字音频进行处理，而局部后处理仅对数字音频中的部分样本点进行处理[33]。

3.5 本章小结

本章首先介绍了数字音频编解码的标准，在此基础上，阐述数字音频篡改攻击方法和数字音频篡改被动取证方法的现状和分类。数字音频篡改被动取证方法正处于快速发展阶段，目前依然存在着大量需要研究的问题，具体如下。

（1）完善数字音频篡改被动取证方法的理论研究。针对数字音频篡改被动取证方法的研究处于起步阶段，且它的概念、理论、研究方法及评价体系仍然处于探索求证阶段。在未来的研究工作中，数字音频篡改被动取证方法研究应该巩固和完善相关理论基础，以提高数字音频篡改被动取证的有效性。

（2）研究基于特定目的的数字音频篡改被动取证方法。从现有的数字音频篡改被动取证的相关研究来看，大多数的研究工作是基于底层的数字音频信号特征来检测是否存在音频篡改的情况。同时，数字音频内容的篡改更关注音频的语义，这可以直接影响人们对数字音频内容的理解。针对数字音频的插入、拼接、删除及合成等几种常见的数字音频内容篡改方法，通过分析音频特征的一致性来判断数字音频的真实性和完整性，是未来值得研究的方向。

（3）实现自动化与多层次的数字音频真实性鉴别能力。一个理想的数字音频篡改被动取证系统应该是全自动的，并且能够提供多方面的篡改信息分析。但是目前提出的数字音频篡改被动取证系统大部分是半自动的或者是粗糙层次的真伪鉴别。如果想要实现自动化程度和检测精度的双赢，那么可以考虑设计具有两个层次的系统。一个是自动化程度高的层次，可以实现简单、快速的数字音频真伪鉴别；另一个是检测精度高的层次，支持对选定的数字音频集进行进一步详细分析，能够得到包括篡改类型和篡改点等更精确的篡改信息。

本章习题

一、术语解释

1. 数字音频内容篡改的定义是什么？
2. 复制粘贴检测方法的步骤分别是什么？
3. 常用的音频压缩格式主要有哪些？
4. 数字语音中电网频率信号主要有哪些特点？
5. 基于数字音频的后处理方式主要有哪些？
6. 计算机合成语音的定义是什么？

二、简答题

1. 阐述数字音频编解码标准的相关指标。
2. 试分析数字语音合成攻击的基础框架。
3. 试分析数字语音转换攻击的基础框架。

三、简述题

阐述数字音频篡改被动取证方法的分类。

参考文献

[1] ZAKARIAH M, KHAN M K, MALIK H. Digital multimedia audio forensics: past, present and future[J]. Multimedia Tools and Applications, 2018, 77(1): 1009-1040.

[2] 王志锋，湛健，曾春艳，等. 数字音频来源被动取证研究综述[J]. 计算机工程与应用，2020, 56(5): 1-12.

[3] 杨锐, 骆伟祺, 黄继武. 多媒体取证[J]. 中国科学: 信息科学, 2013, 43(12): 1654-1672.

[4] 任延珍, 刘晨雨, 刘武洋, 等. 语音伪造及检测技术研究综述[J]. 信号处理, 2021, 37(12): 2412-2439.

[5] CHUNG Y A, WANG Y X, HSU W N, et al. Semi-supervised training for improving data efficiency in end-to-end speech synthesis[C]//Proceedings of the ICASSP 2019 - 2019 IEEE International Conference on Acoustics, Speech and Signal Processing (ICASSP). Piscataway: IEEE Press, 2019: 6940-6944.

[6] CHEN L J, YANG H W, WANG H. Research on Dungan speech synthesis based on Deep Neural Network[C]//Proceedings of 2018 11th International Symposium on Chinese Spoken Language Processing (ISCSLP). Piscataway: IEEE Press, 2018: 46-50.

[7] ZHAO Y, HU P H, XU X N, et al. Lhasa-tibetan speech synthesis using end-to-end model[J]. IEEE Access, 2019, 7: 140305-140311.

[8] SUTSKEVER I, VINYALS O, LE Q V. Sequence to sequence learning with neural networks[C]//Proceedings of the 27th International Conference on Neural Information Processing Systems. 2014, 12(2): 3104-3112.

[9] LI Y C, LI J H, ZHANG M. Deep transformer modeling via grouping skip connection for neural machine translation[J]. Knowledge-Based Systems, 2021, 234: 107556.

[10] NI J F, SHIGA Y, KAWAI H. Global syllable vectors for building TTS front-end with deep learning[C]//Proceedings of the Interspeech 2017. ISCA: ISCA, 2017: 769-773.

[11] CHOROWSKI J K, BAHDANAU D, SERDYUK D, et al. Attention-based models for speech recognition[C]//Proceedings of the 28th International Conference on Neural Information Processing Systems. 2015, 12(1), 577-585.

[12] BEVINAMARAD P R, SHIRLDONKAR M S. Audio forgery detection techniques: present and past review[C]//Proceedings of 2020 4th International Conference on Trends in Electronics and Informatics (ICOEI). Piscataway: IEEE Press, 2020: 613-618.

[13] ZAKARIAH M, KHAN M K, MALIK H. Digital multimedia audio forensics: past, present and future[J]. Multimedia Tools and Applications, 2018, 77(1): 1009-1040.

[14] WANG H, WANG H X, SUN X M, et al. A passive authentication scheme for copy-move forgery based on package clustering algorithm[J]. Multimedia Tools and Applications, 2017, 76(10): 12627-12644.

[15] CHEN J R, XIANG S J, HUANG H B, et al. Detecting and locating digital audio forgeries based on singularity analysis with wavelet packet[J]. Multimedia Tools and Applications, 2016, 75(4): 2303-2325.

[16] LIN X D, LIU J X, KANG X G. Audio recapture detection with convolutional neural networks[J]. IEEE Transactions on Multimedia, 2016, 18(8): 1480-1487.

[17] KINNUNEN T, SAHIDULLAH M, DELGADO H, et al. The ASVspoof 2017 challenge: assessing the limits of replay spoofing attack detection[C]//Proceedings of the Interspeech 2017. ISCA: ISCA, 2017: 2-6.

[18] WANG X, YAMAGISHI J, TODISCO M, et al. ASVspoof 2019: a large-scale public database of synthesized, converted and replayed speech[J]. Computer Speech & Language, 2020, 64: 101114.

[19] WANG X M, QIN X Y, ZHU T L, et al. The DKU-CMRI system for the ASVspoof 2021 challenge: vocoder based replay channel response estimation[C]//Proceedings of 2021 Edition of the Automatic Speaker Verification and Spoofing Countermeasures Challenge. ISCA: ISCA, 2021: 16-21.

[20] YANG S, LU H, KANG S Y, et al. On the localness modeling for the self-attention based end-to-end speech synthesis[J]. Neural Networks, 2020, 125: 121-130.

[21] SHEN J, PANG R M, WEISS R J, et al. Natural TTS synthesis by conditioning wavenet on MEL spectrogram predictions[C]//Proceedings of 2018 IEEE International Conference on Acoustics, Speech and Signal Processing (ICASSP). New York: ACM Press, 2018: 4779-4783.

[22] ZHENG L L, LI J K, SUN M, et al. When automatic voice disguise meets automatic speaker verification[J]. IEEE Transactions on Information Forensics and Security, 2021, 16: 824-837.

[23] BALASUBRAMANIYAN V A, POONAWALLA A, AHAMAD M, et al. PinDrop: using single-ended audio features to determine call provenance[C]//Proceedings of the 17th ACM conference on Computer and communications security. New York: ACM Press, 2010: 109-120.

[24] ZHONG J L, PUN C M. An end-to-end dense-InceptionNet for image copy-move forgery detection[J]. IEEE Transactions on Information Forensics and Security, 2019, 15: 2134-2146.

[25] ZHAO H, CHEN Y F, WANG R, et al. Anti-forensics of environmental-signature-based audio splicing detection and its countermeasure via rich-features classification[J]. IEEE Transactions on Information Forensics and Security, 2016, 11(7): 1603-1617.

[26] REN Y Z, FAN M D, YE D P, et al. Detection of double MP3 compression based on difference of calibration histogram[J]. Multimedia Tools and Applications, 2016, 75(21): 13855-13870.

[27] 陶表犁, 王让定, 严迪群, 等. 与时长相关的相同码率 MP3 双压缩检测方法[J]. 计算机工程与应用, 2017, 53(11): 137-141.

[28] JIN C, WANG R D, YAN D Q, et al. An efficient algorithm for double compressed AAC audio detection[J]. Multimedia Tools and Applications, 2016, 75(8): 4815-4832.

[29] HUANG Q J, WANG R D, YAN D Q, et al. AAC double compression audio detection algorithm based on the difference of scale factor[J]. Information, 2018, 9(7): 161.

[30] LUO D, YANG R, HUANG J W. Detecting double compressed AMR audio using deep learning[C]//Proceedings of 2014 IEEE International Conference on Acoustics, Speech and Signal Processing (ICASSP). Piscataway: IEEE Press, 2014: 2669-2673.

[31] LUO D, YANG R, LI B, et al. Detection of double compressed AMR audio using stacked autoencoder[J]. IEEE Transactions on Information Forensics and Security, 2017, 12(2): 432-444.

[32] PASQUINI C, BOATO G, ALAJLAN N, et al. A deterministic approach to detect Median filtering in 1D data[J]. IEEE Transactions on Information Forensics and Security, 2016, 11(7): 1425-1437.

[33] LUO D, SUN M M, HUANG J W. Audio postprocessing detection based on amplitude cooccurrence vector feature[J]. IEEE Signal Processing Letters, 2016, 23(5): 688-692.

第4章

数字图像篡改被动取证检测

4.1 引言

在过去10年中，数字图像在日常生活中越发流行。和传统文本内容相比，图像更加直观并能传递更多信息[1]。但随着技术发展，一些操作难度低、界面友好的图像修改软件逐渐出现。这导致数字图像的篡改者可能是任何一个拥有电子设备的人，且操作留下的痕迹也难以分辨。

为了能够鉴别图像的真实性，研究者提出了多种数字图像取证方法。这些方法可以被分成两类：主动取证方法和被动取证方法[2]。数字图像主动取证方法需要预先将图像打上标签，如数字图像水印技术和数字签名技术。但是，日常生活中的大量图像未被事先打上标签，这导致数字图像主动取证方法虽然有着较高的准确率，但是其使用条件受到了严重的限制。相较于数字图像主动取证方法，数字图像被动取证方法不需要进行对图像添加标签等预处理，所以数字图像被动取证方法在日常生活中得到了更加广泛的应用。常见的数字图像被动取证方法包括图像篡改取证和定位方法、图像操作取证方法、CG/PG取证方法和压缩历史取证方法等。

4.2 数字图像压缩标准概述

4.2.1 JPEG压缩标准简介

JPEG是一种针对相片影像且被广泛使用的失真压缩标准方法，由联合图像专家组（Joint Photographic Experts Group）开发。此团队创立于1986年，1992年发布了JPEG标准，在1994年获得了ISO 10918-1的认定。JPEG是一种通用的压缩模式，几乎可以满足所有连续色调静止图像应用的需要，如互联网照片传输、彩色传真、医学影像等。

彩色JPEG图像的压缩过程和解压缩过程如图4-1所示。彩色JPEG图像的压缩过程主要有分块、色彩空间转换（Color Space Conversion）、下采样（Downsampling）、离散余弦变换、量化（Quantization）、编码。而解压缩过程则采用和压缩过程相反的过程，即解码、反量化（Dequantization）、逆离散余弦变换（IDCT）、上采样（Upsampling）、色彩空间逆转换（Inverse Color Space Conversion）、重构图像。

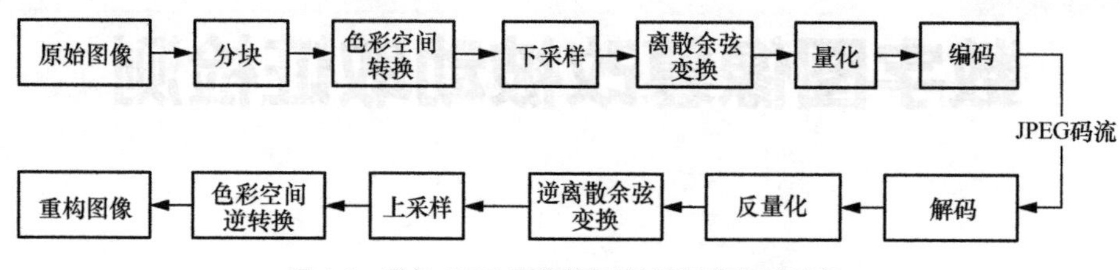

图 4-1　彩色 JPEG 图像的压缩过程和解压缩过程

（1）彩色 JPEG 图像的压缩过程

分块：需要以尺寸为 8×8 的不重叠的块为大小对图像进行划分，如果不能对图像行列进行有效的整数划分，那么需要进行 0 填充或者邻近像素值填充，甚至可以放弃边缘行列。

色彩空间转换：将彩色图像由 RGB 色彩空间转换到 YCbCr 色彩空间，转换式如式（4-1）所示。

$$\begin{bmatrix} Y \\ \mathrm{Cb} \\ \mathrm{Cr} \end{bmatrix} = \begin{bmatrix} 0.299 & 0.587 & 0.114 & 0 \\ -0.169 & -0.331 & 0.5 & 128 \\ 0.5 & -0.419 & 0.5 & 128 \end{bmatrix} \times \begin{bmatrix} R \\ G \\ B \\ 1 \end{bmatrix} \tag{4-1}$$

在 YCbCr 色彩空间中，Y 信道代表图像的亮度信息，而 Cb 和 Cr 信道代表图像的色彩信息。由于人类的视觉对于色彩的变换不敏感，可以尽可能地丢失色彩信息（但要保证不影响图像的清晰度），达到需要更少存储空间的目的。

下采样：为了进一步减小所需要的存储空间，可以对颜色信息即 Cb 和 Cr 信道上的像素值进行下采样。常用的下采样格式有 4:4:4、4:2:2、4:2:0 和 4:1:1。4:1:1 下采样过程如图 4-2 所示，展示的是每 4 个 Y 信道上的像素值共用同一个 Cb 和 Cr 信道上的像素值。

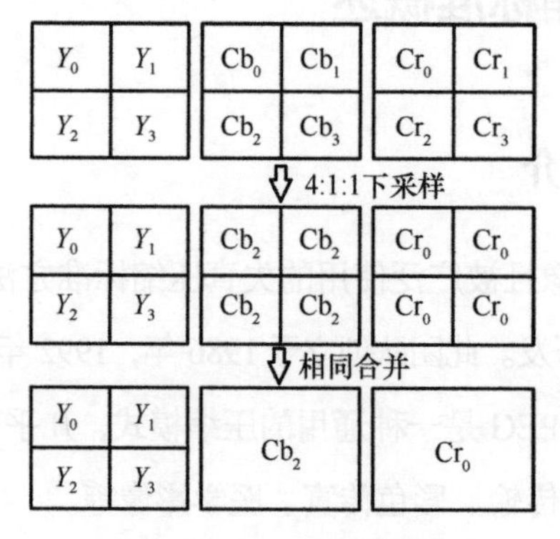

图 4-2　4:1:1 下采样过程

离散余弦变换：主要作用是将图像由空间域转换到离散余弦变换域，可认为将图像转换到频域，离散余弦变换式如式（4-2）所示。

$$F(u,v)=\frac{1}{4}C(u)C(v)\sum_{i=0}^{7}\sum_{j=0}^{7}R(i,j)\cos\left(\frac{(2i+1)u\pi}{16}\right)\cos\left(\frac{(2j+1)v\pi}{16}\right) \tag{4-2}$$

其中，$C(x)=\begin{cases}1/\sqrt{2}, & x=0\\ 1, & x\neq 0\end{cases}$，$R(i,j)$ 代表空间域数值，$F(u,v)$ 代表频域数值，在经过离散余弦变换后，图像处于离散余弦变换域中。此时每个尺寸为 8×8 的小块均可以根据频率划分成直流系数（DC）和交流系数（AC），直流系数代表图像的主要内容，而交流系数代表图像的细节信息。

量化：用量化表除以经过离散余弦变换后的矩阵，然后取整，即完成量化。量化是减小图像所需要的存储空间的重要步骤。亮度标准量化表和色度标准量化表如图 4-3 所示，需要根据压缩设置质量因子（QF）计算不同情况下的量化步长。计算式如式（4-3）所示。

$$\begin{bmatrix}16 & 11 & 10 & 16 & 24 & 40 & 51 & 61\\ 12 & 12 & 14 & 19 & 26 & 58 & 60 & 55\\ 14 & 13 & 16 & 24 & 40 & 57 & 69 & 56\\ 14 & 17 & 22 & 29 & 51 & 87 & 80 & 62\\ 18 & 22 & 37 & 56 & 68 & 109 & 103 & 77\\ 24 & 35 & 55 & 64 & 81 & 104 & 113 & 92\\ 49 & 64 & 78 & 87 & 103 & 121 & 120 & 101\\ 72 & 92 & 95 & 98 & 112 & 100 & 103 & 99\end{bmatrix}$$

(a) 亮度标准量化表

$$\begin{bmatrix}17 & 18 & 24 & 47 & 99 & 99 & 99 & 99\\ 18 & 21 & 26 & 66 & 99 & 99 & 99 & 99\\ 24 & 26 & 56 & 99 & 99 & 99 & 99 & 99\\ 47 & 66 & 99 & 99 & 99 & 99 & 99 & 99\\ 99 & 99 & 99 & 99 & 99 & 99 & 99 & 99\\ 99 & 99 & 99 & 99 & 99 & 99 & 99 & 99\\ 99 & 99 & 99 & 99 & 99 & 99 & 99 & 99\\ 99 & 99 & 99 & 99 & 99 & 99 & 99 & 99\end{bmatrix}$$

(b) 色度标准量化表

图 4-3　亮度标准量化表和色度标准量化表

$$Q(i,j)=\begin{cases}\mathrm{floor}\left(\dfrac{\dfrac{5000}{\mathrm{QF}}\times q(i,j)+50}{100}\right), & \mathrm{QF}<50\\ \mathrm{floor}\left(\dfrac{(200-\mathrm{QF}\times 2)\times q(i,j)+50}{100}\right), & \mathrm{QF}\geqslant 50\end{cases} \tag{4-3}$$

其中，$q(i,j)$ 代表标准量化表中对应频率的数值，$Q(i,j)$ 代表对应频率的量化步长，$0\leqslant i,j\leqslant 7$，$\mathrm{floor}(\cdot)$ 代表向下取整。

编码：图像在量化完之后，大部分数据变成 0，非常有利于后面的压缩存储。可以采用编码将大部分的 0 编在一起，减小存储空间。JPEG 压缩一般采用哈夫曼编码，它的基本原理是根据数据中元素的使用频率，调整元素的编码长度，以得到更高的压缩比。

（2）彩色 JPEG 图像的解压缩过程

与彩色 JPEG 压缩相对应，彩色 JPEG 解压缩采用与压缩顺序相反的逆操作对图像进行解压缩。

解码：根据与编码格式相对应的解码格式对图像进行解码。

反量化：与量化操作相反，该过程用解码后的离散余弦变换矩阵乘以量化表。

逆离散余弦变换：逆离散余弦变换主要将图像从频域还原到空间域，其表达式如式（4-4）所示。

$$R(i,j)=\frac{1}{4}\sum_{u=0}^{7}\sum_{v=0}^{7}C(i)C(j)F(u,v)\cos\left(\frac{(2i+1)u\pi}{16}\right)\cos\left(\frac{(2j+1)v\pi}{16}\right) \tag{4-4}$$

上采样：为了填充并得到完整的图像空间域信息，对 Cb 和 Cr 信道上的像素值进行上采样。上采样的格式取决于压缩时使用的下采样格式。例如图 4-2 中的 4:1:1 下采样格式，其对应的上采样过程中，Y 信道上的 4 个像素将用合并后保留的 Cb 和 Cr 信道信息。

色彩空间逆转换：从 YCbCr 色彩空间转换到 RGB 色彩空间的表达式如式（4-5）所示。色彩空间逆转换后需要对图像进行四舍五入操作，这是因为在 RGB 色彩空间域中的定义域为$[0,255]\in N$。

$$\begin{bmatrix}R\\G\\B\end{bmatrix}=\begin{bmatrix}1 & 0 & 1.402\\1 & -0.331 & -0.714\\1 & 1.772 & 0\end{bmatrix}\times\begin{bmatrix}Y\\ \mathrm{Cb}-128\\ \mathrm{Cr}-128\end{bmatrix} \tag{4-5}$$

重构图像：经过色彩空间逆转换后，所得到的 RGB 信息即重构所得的图像信息。

4.2.2 JPEG 重压缩原理

在图像成像过程中，利用数码相机或者智能手机等数码设备构建自然图像，数码设备会对自然图像进行压缩、存储并输出。JPEG 图像重压缩如图 4-4 所示，假设图像在拍摄时就进行了第一次压缩，即原始图像为 JPEG 格式的图像。篡改者将海鸥拼接到原始图像中并将图像另存为新文件，如果选用 JPEG 格式对图像进行保存，则“保存”操作会对图像进行第二次压缩，这就出现了重压缩的情况。而如果在第二次压缩之前对图像进行旋转、切割等操作，就会导致两次 JPEG 压缩划分的尺寸为 8×8 的网格不一致的情况，即非对齐重压缩，相反，则是两次 JPEG 压缩划分的网格一致的情况，即对齐重压缩。同时，可以根据对齐重压缩的两次压缩步长是否相同，进一步划分为同步重压缩和异步重压缩。JPEG 重压缩分类如图 4-5 所示。其中，同步是指两次压缩采用的量化步长相同，异步是指两次压缩采用的量化步长不同。

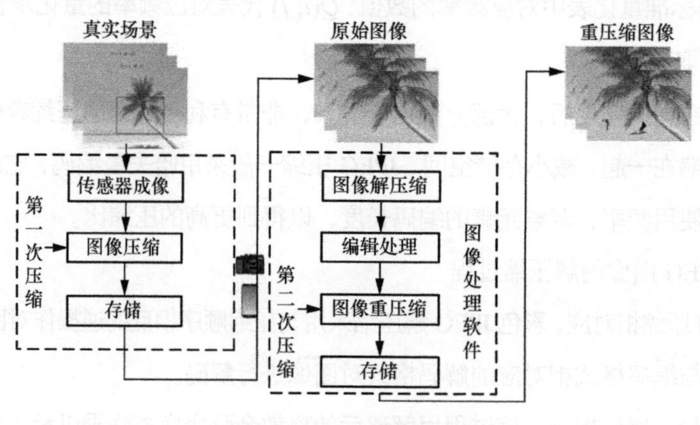

图 4-4　JPEG 图像重压缩

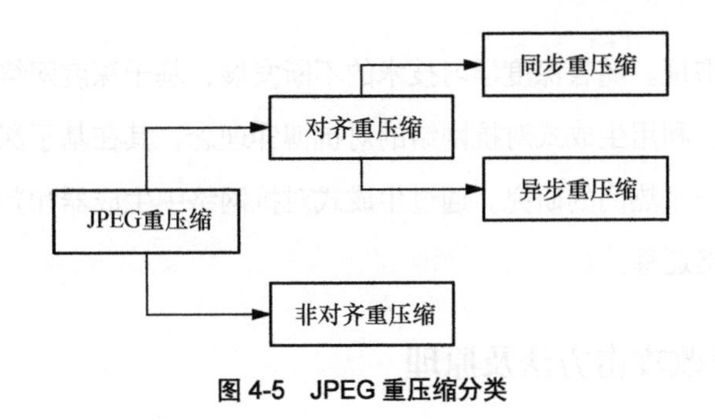

图 4-5 JPEG 重压缩分类

4.3 数字图像篡改攻击简述

4.3.1 数字图像篡改攻击方法分类

数字图像篡改攻击方法可以根据篡改者不同的修改方式分为数字图像像素攻击、数字图像变换域攻击、深度网络模型生成攻击，如图 4-6 所示。

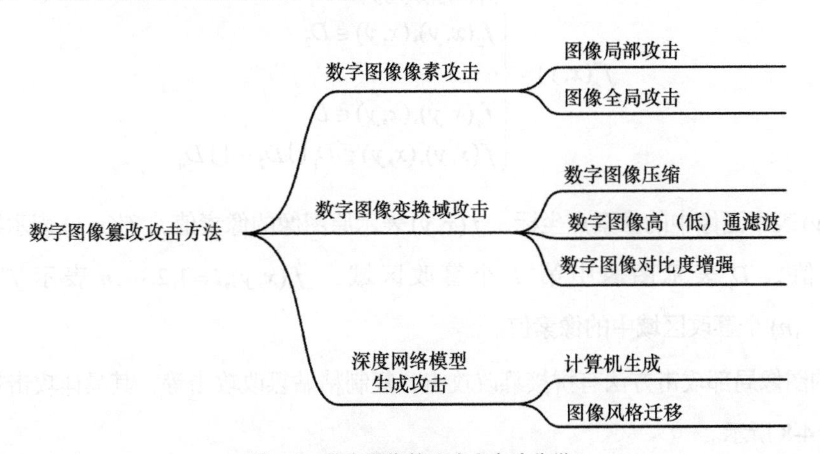

图 4-6 数字图像篡改攻击方法分类

数字图像像素攻击是指篡改者通过修改图像的像素值达到干扰人眼进行图像识别的目的，常见的攻击种类有图像局部攻击、图像全局攻击。

数字图像变换域攻击是指篡改者通过修改图像变换域的信息达到干扰数字图像被动取证技术的目的，常见的攻击种类有数字图像压缩、数字图像高（低）通滤波和数字图像对比度增强。其中数字图像压缩常见的是 JPEG 压缩。

以上两种攻击方法是常见的传统数字图像篡改攻击方法，在深度网络技术兴起之前就已广泛存在。但是，传统数字图像篡改攻击会在图像的局部和全局留下篡改痕迹，从而使得取证者能够有效地对其进行取证。随着深度学习技术的不断发展，基于深度网络模型的数字图像篡改攻击方法也逐渐成熟。利用生成式对抗网络的对抗博弈理念，其在基于深度网络模型的数字图像篡改攻击方法中是一个热门的研究。通过生成式对抗网络中生成器和判别器的相互博弈，可以实现图像生成和风格迁移。

4.3.2 数字图像篡改攻击方法及原理

（1）数字图像像素攻击的方法及原理

① 图像局部攻击

图像局部攻击，指的是修改一幅图像的部分内容，造成查看者产生错误的视觉效果。根据篡改区域个数的不同，可以分为单区域的篡改和多区域的篡改。对于图像局部攻击而言，其攻击方法可以被描述为，对于一幅待攻击的图像，使用图像编辑软件裁剪本幅图像或其他图像的部分内容，用其替换待攻击图像的部分区域。

其原理如式（4-6）所示。

$$f'(x,y)=\begin{cases} f_1(x,y),(x,y)\in D_1 \\ f_2(x,y),(x,y)\in D_2 \\ \cdots \\ f_n(x,y),(x,y)\in D_n \\ f(x,y),(x,y)\notin D_1\cup D_2\cdots\cup D_n \end{cases} \tag{4-6}$$

其中，(x,y)表示图像中的像素点坐标，$f(x,y)$表示原图像的像素值，$f'(x,y)$表示篡改生成图像的像素值，D_i表示图像中第i个篡改区域，$f_i(x,y),i=1,2,\cdots,n$表示$f'(x,y)$中第$D_i(i=1,2,\cdots,n)$个篡改区域中的像素值。

典型的图像局部攻击方法有拼接篡改攻击、复制粘贴篡改攻击等，其具体攻击效果分别如图 4-7、图 4-8 所示。

（a）原图

（b）篡改后图片

图 4-7 拼接篡改攻击效果

（a）原图

（b）篡改后图片

图 4-8　复制粘贴篡改攻击效果

② 图像全局攻击

图像全局攻击，指的是针对图像整体的操作，通过改变其像素值或像素间的关联性来达到攻击图像的目的。其攻击方法可以被描述为，对于一幅待攻击的图像，通过使用数字图像编辑等软件改变图像内容的分布，或者直接改变图像的像素值，破坏图像内容的整体关系。

其原理如式（4-7）所示。

$$f'(x,y)=T\left(f(x,y)\right),(x,y)\in D \tag{4-7}$$

其中，(x,y) 表示图像中的像素点坐标，$f(x,y)$ 表示原图像的像素值，$f'(x,y)$ 表示篡改生成图像的像素值，$T(\cdot)$ 表示对图像进行全局篡改攻击。典型的图像全局攻击方法有几何攻击、高斯噪声添加等，其具体攻击效果分别如图 4-9、图 4-10 所示。

（a）原图

（b）篡改后图片

图 4-9　几何攻击效果

（a）原图

（b）篡改后图片

图 4-10　高斯噪声添加效果

（2）数字图像变换域攻击的方法及原理

① 数字图像压缩

数字图像压缩是一种减少存储一幅图像所需数据量的技术。根据压缩次数的不同，可以被分为数字图像单压缩与数字图像重压缩。

通用图像压缩系统模型如图 4-11 所示，其总体来说可以被分为压缩阶段和解压缩阶段，两者相互对应。在压缩阶段，图像从像素矩阵压缩成带头文件的压缩数据。具体来说，图像经域变换从空域变换到变换域；又经量化阶段排除冗余信息，这一过程是不可逆的；最后经编码阶段转换成带头文件的码流。在解压缩阶段，根据压缩数据头文件中的信息（编码方式等）对图像内容区域进行解码、反量化、逆域变换等操作将其变换成空域中的像素矩阵。

典型的有损图像压缩算法如 JPEG、JPEG2000、有损 Webp 等。

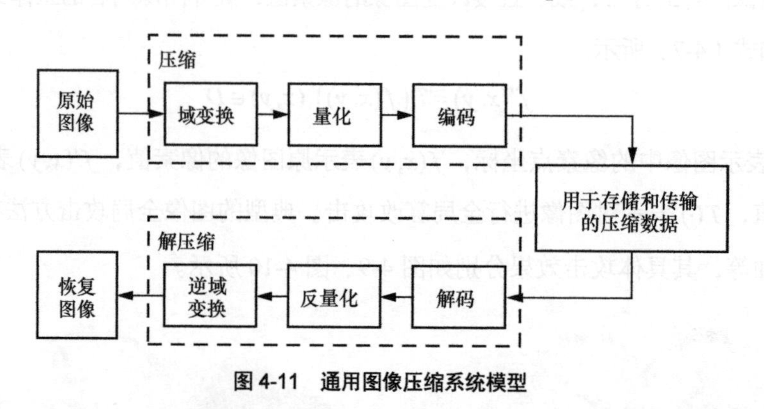

图 4-11　通用图像压缩系统模型

② 数字图像高（低）通滤波

数字图像高（低）通滤波指的是过滤出一张图片的高（低）频信息，在频域中操作，会导致图像内容残缺，以达到攻击图像的目的。其中低频信息代表图像的平滑区域，是图像的主体部分；高频信息则代表图像的细节信息。

高通滤波，顾名思义，表示只有频域中的高频信息才能通过，通过高通滤波器可以提取图片的细节信息，从而可以对图片进行锐化。

低通滤波，表示只有频域中的低频信息才能通过，通过低通滤波器可以提取图片的主体信息，从而可以对图片进行平滑。

典型的滤波器有理想滤波器、高斯滤波器等。一个二维理想高通滤波器（IHPF）和一个二维理想低通滤波器（ILPF）的定义如式（4-8）和式（4-9）所示。

$$H(u,v)=\begin{cases}0, & D(u,v)\leqslant D_0\\ 1, & D(u,v)>D_0\end{cases} \tag{4-8}$$

$$L(u,v)=\begin{cases}0, & D(u,v)>D_0\\1, & D(u,v)\leqslant D_0\end{cases} \tag{4-9}$$

其中，D_0是截止频率，$D(u,v)$是频域中点，表示(u,v)与频率矩形中心的距离。

理想低通滤波器效果如图 4-12 所示。

（a）原图　　（b）理想低通滤波图

图 4-12　理想低通滤波器效果

理想高通滤波器效果如图 4-13 所示。

（a）原图　　（b）理想高通滤波图

图 4-13　理想高通滤波器效果

③ 数字图像对比度增强

数字图像对比度增强，指的是对于一幅对比度低的图像，通过对比度增强算法，其对比度得到提升，以达到攻击图像的目的。基于变换域的图像对比度增强的一般操作步骤如下，首先进行域变换，再在变换域中对相关系数进行修改，最终逆域变换到空间域，输出对比度增强后的图像。基于变换域的图像对比度增强方法有 JPEG 压缩域图像增强、傅里叶变换域图像增强等。

以 JPEG 压缩域图像增强为例，其将 JPEG 压缩域的系数矩阵分为不同的频带，并对系数矩阵进行修改，以此来增强图像对比度。其中，每个频带由位于同一负对角线方向上的多个离散余弦变换系数构成，如图 4-14 所示。具体方式可以被分为非递归压缩域增强和递归压缩域增强。

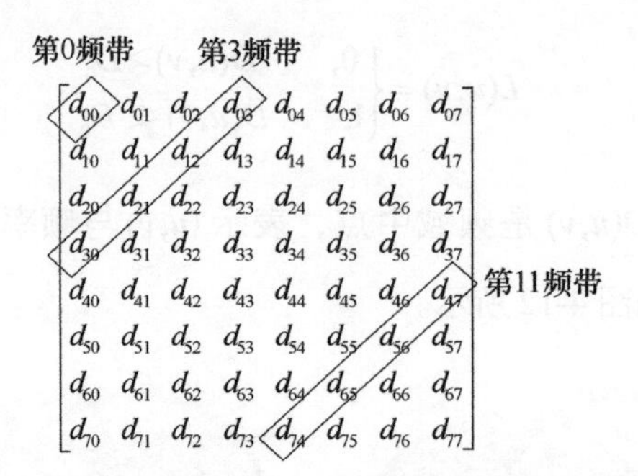

图 4-14　非递归压缩域增强与递归压缩域增强的系数频带结构

在非递归压缩域增强中，将第 n 个频带的对比度定义为当前频带与上一频带的系数平均幅值之比，如式（4-10）所示。

$$C_n \triangleq \frac{E_n}{E_{n-1}} \tag{4-10}$$

其中，E_n 表示第 n 个频带上所有离散余弦变换系数绝对值的平均值。

非递归压缩域增强通过修改系数，将每个频带的对比度定义为原本的 λ 倍，从而增强图像的对比度，其具体效果如图 4-15（a）、图 4-15（b）所示。

在递归压缩域增强中，对比度则被定义为第 n 个频带的平均系数幅度与前 $n-1$ 个频带的平均系数幅度之和的比值，如式（4-11）所示。

$$C_n \triangleq \frac{E_n}{\sum_{t=0}^{n-1} E_t} \tag{4-11}$$

其中，E_n 的定义与式（4-10）相同。

与非递归压缩域增强相似，递归压缩域增强通过修改系数，将每个频带的对比度定义为原本的 λ 倍，从而增强图像的对比度，其具体效果如图 4-15（a）、图 4-15（c）所示[3]。

（a）原图　　（b）非递归压缩域增强效果图　　（c）递归压缩域增强效果图

图 4-15　λ=1.15 的 JPEG 压缩域的图像增强效果图

（3）深度网络模型生成攻击的方法及原理

① 计算机生成

计算机生成图片是在专门的软件中利用计算机程序代码产生的图片。通常是场面非常震撼、现实生活中不易存在的场景。随着科学技术的进步，计算机生成图片已经可以达到以假乱真的程度。这也为人们日常的工作和生活带来了一些麻烦，特别是一些不怀好意的人用计算机生成图片来冒充真实图片，将会给社会带来一定的危害。

其中，现在最为流行的是生成式对抗网络，其原理是一种人工智能深度学习模型。生成式对抗网络模型包含两个神经网络：一个是生成器（G），用来转换随机噪声并生成一张照片；另一个是判别器（D），用来判别生成照片和真实照片的真假。在训练过程中，生成器（G）不断地生成赝品，判别器（D）识别生成器（G）生成的结果是真品还是赝品，两个网络相互对抗，生成器（G）努力生成能欺骗过判别器（D）的赝品，而判别器（D）努力识别出生成器（G）生成的赝品，往复循环，从而训练彼此。生成式对抗网络结构示意如图 4-16 所示。

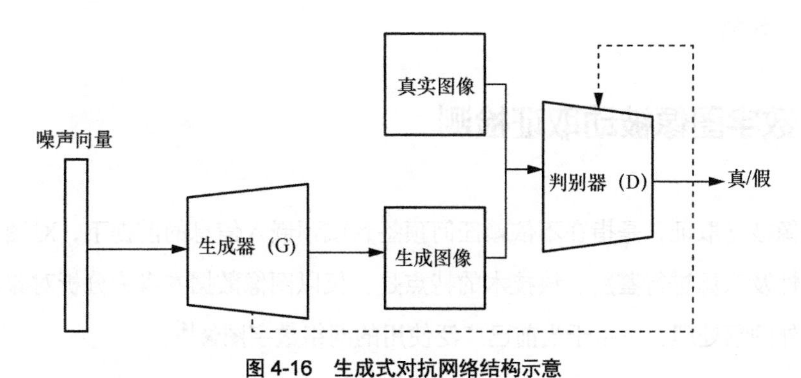

图 4-16　生成式对抗网络结构示意

② 图像风格迁移

图像风格迁移指的是两个不同域中图像的转换，具体来说就是提供一张风格图像，将任意一张图像转化为这个风格，并尽可能保留原图像的内容。图 4-17 为风格迁移的具体效果示意。图像迁移可被看作图像纹理提取和图像重建两个步骤。

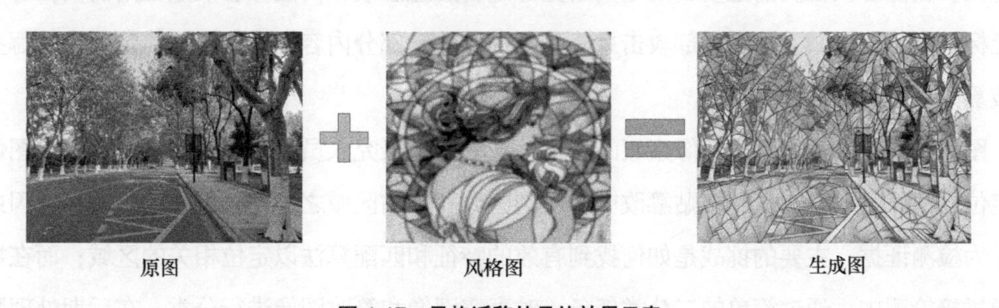

图 4-17　风格迁移的具体效果示意

以往的纹理建模方法大致可以被分为两大类，即基于统计分布的参数化纹理建模方法与基于 MRF（Markov Random Field）的非参数化纹理建模方法。基于统计分布的参数化纹理建模方法主要将纹理建模为 N 阶统计量，而基于 MRF 的非参数化纹理建模方法的经典方法是用 patch 相似度匹配进行逐点合成。纹理建模方法的相关研究解决了对风格图像中的风格特征进行建模和提取的问题。

图像重建方法其实也可以被分为两类，分别为基于在线图像优化的慢速图像重建方法与基于离线模型优化的快速图像重建方法。第一类图像重建方法是通过在图像像素空间中进行梯度下降来最小化目标函数。这一类方法的过程可以被理解为将随机噪声作为起始图，然后通过不断迭代改变图片的所有像素值来寻找一个目标结果图。由于每个重建结果都需要在图像像素空间中进行迭代优化很多次，这种方式是很耗时的，占用的计算资源很多。为了加速这一过程，一个直接的想法是设计一个前向网络，用数据驱动的方式，给它很多训练数据，去提前训练它，训练的目标就是给定一个输入，这个训练好的网络只需要一次前向传播就能输出一张重建结果图像，即第二类方法。

4.4 数字图像被动取证检测

数字图像被动取证，是指在不依赖任何预签名或预嵌入信息的前提下，对图像数据的原始性、真实性及来源进行鉴别。该技术的特点是，仅以图像数据本身为分析对象，不需要对图像进行额外的预处理，可用于当前已广泛使用的网络数字图像[4]。

4.4.1 基于数字图像像素攻击的被动取证检测

（1）图像局部攻击篡改检测

基于数字图像像素攻击的被动取证包含两个任务，一个是图像篡改检测，另一个是图像篡改定位。图像篡改检测的主要目的是判断图像是否经过篡改，而图像篡改定位则需要在篡改图像上标记出篡改区域。图像局部攻击只修改了图像的一部分内容，因此检测给定图像的哪些部分被篡改是最重要的。

图像篡改定位需要精确到像素级的分析，被动取证研究人员提出了图像篡改分类和图像篡改定位方法。例如，在复制粘贴篡改中，复制区域和粘贴区域之间存在很强的相关性，因此可以作为检测证据，主要的挑战是如何找到有效的特征和匹配算法以定位相关的区域；而在数字图像拼接检测中，通过简单的二分类任务，对真实图像和篡改图像进行分类，在后期处理阶段中定位图像篡改区域。图 4-18 展示了二分类篡改检测基本流程。

（2）图像全局攻击篡改检测

图像全局攻击是对图像整体进行几何攻击，如缩放、旋转等，为使伪造图像更加逼真，这些几何操作需要进行重采样和插值处理（如最近邻插值、双线性插值和三次线性差值等）。如果图像经过了重采样操作，则研究人员不能直接判断为恶意篡改，但可以为取证提供有力的辅助判断信息。重采样的过程不会留下可见的伪造痕迹，但图像编辑过程中的几何变换操作都进行了常规的图像插值运算，会在图像插值点与相邻像素之间产生特定相关性[5-6]，同时内插信号的二阶导数产生可检测的周期性[7-8]。虽然重采样检测在未压缩的图像中非常有效，但是在执行重采样后将 JPEG 压缩应用于图像时，许多重采样痕迹会被掩盖或破坏。针对该问题，Bayar 等[9]提出一种基于约束卷积层（Constrained Convolutional Layer）的深度学习方法，可以直接从数据中自适应地学习用于重采样检测的特征。实验证明，提出的约束卷积神经网络在检测重压缩图像中的重采样操作上具有一定的有效性。Liang[10]提出了一种基于监督卷积神经网络的新型重采样检测方法，它可以基于残差映射关系自动学习重采样模式。实验结果表明，该方法在不同重采样因子检测中具有优异的性能。

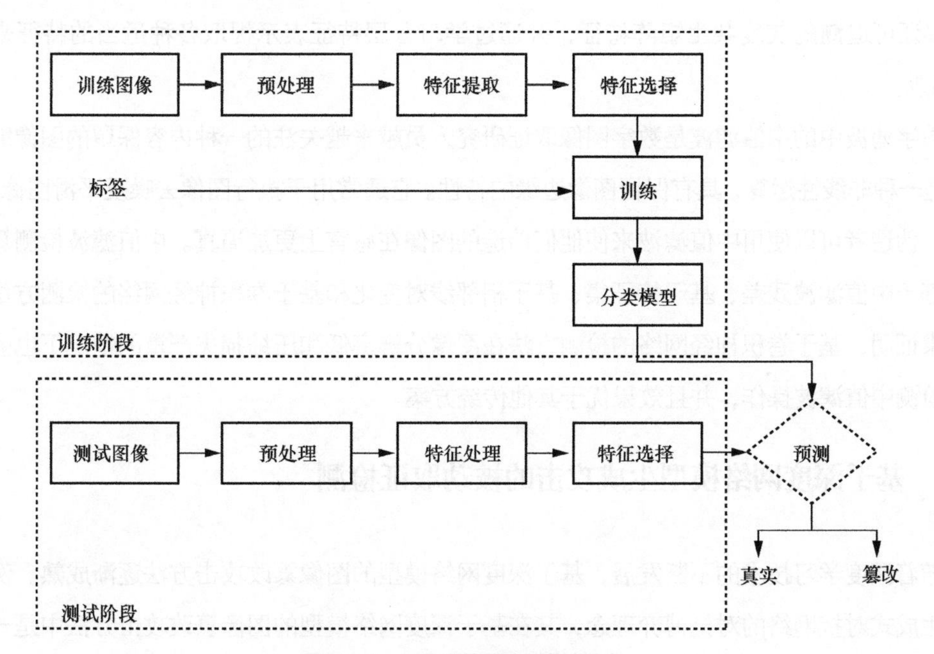

图 4-18　二分类篡改检测基本流程

4.4.2　基于数字图像变换域攻击的被动取证检测

数字图像变换域攻击是指篡改者通过修改图像变换域的信息以达到干扰数字图像被动取证技术的目的，常见的攻击种类有数字图像压缩、数字图像对比度增强等。

其中，数字图像压缩常见的是 JPEG 压缩。一幅已经被压缩的原始 JPEG 图像（质量因子为 QF1）被篡改后通常需要重新压缩，即将经过篡改的伪造图像以不同质量因子（QF2）

的 JPEG 格式重新存储[11]，这可能会成为引入 JPEG 重压缩的证据。针对一幅 JPEG 重压缩图像，即使被检测到 JPEG 重压缩，也不能证明该图像的内容被篡改，因此 JPEG 重压缩的取证一般用于辅助或前期检测。

尽管数字图像对比度增强可以调整数字图像的对比度和亮度，与恶意图像篡改可能不相关，但检测到这些更改仍然具有重要意义。特别地，对全局应用的 CE 操作检测可以提供图像的处理过程信息。此外，由于经常使用 CE 操作来掩盖图像篡改痕迹，因此检测这种操作可以在标识内容更改操作时提供有用的先验信息。近年来，多种识别数字图像是否已经经过 CE 处理[12-13]的方法被提出。大多数常规方法可以很好地检测到对比度增强的图像，但是在检测反取证攻击操作的图像时，其表现出的性能却不尽人意。为此，有学者提出一种基于卷积神经网络的 CE 取证方法，该工作是将卷积神经网络应用于 CE 取证的第一阶段。与其他研究领域中通常以原始图像作为输入的常规卷积神经网络不同，该方法为卷积神经网络提供了包含 CE 取证可追溯的灰度共生矩阵特征，并通过学习分层特征表示提取各种适当的特征来检测 CE 篡改。

数字滤波中的中值滤波是数字图像取证研究人员越来越关注的一种内容保留的图像编辑操作，是一种非线性运算，具有保留图像边缘的特性。它通常用于执行图像去噪及平滑图像区域。因此，伪造者可以使用中值滤波来使他们伪造的图像在感官上更加逼真。中值滤波检测算法被分为基于中值滤波残差、基于特征集、基于相邻线对变化和基于卷积神经网络的检测方法。实验结果证明，基于卷积神经网络的检测方法在图像分辨率低和压缩损失严重的情况下也能够准确地检测中值滤波操作，并且效果优于其他传统方案。

4.4.3 基于深度网络模型生成攻击的被动取证检测

随着深度学习技术的不断发展，基于深度网络模型的图像篡改攻击方法逐渐成熟。例如，由于生成式对抗网络的对抗博弈理念，其在基于深度网络模型的图像篡改攻击方法中是一个热门的研究方向。通过生成式对抗网络中生成器和判别器的相互博弈，可以实现图像生成和风格迁移。

虽然生成式对抗网络技术在图像生成与图像编辑等任务中显著提升了输出图像的视觉质量，但由于其生成过程与自然图像采集过程相比，存在显著差异，从信号处理角度分析，两者在颜色和纹理信息上具有不同的统计特性，可将其作为生成式对抗网络图像被动取证的重要线索。生成式对抗网络图像检测算法旨在鉴定待测图像是否由生成式对抗网络模型生成，可看作一种二分类问题。其研究重点在于提取生成式对抗网络图像与真实图像相比具有显著区分度的特征。根据在进行特征提取时使用的信息类别，主要被分为基于空域信息和基于频域信息的生成式对抗网络图像检测算法[14]。

（1）基于空域信息的生成式对抗网络图像检测算法

生成式对抗网络生成图像在成像原理上与真实图像相比，存在明显差异，并且由于生成式对抗网络生成器的限制，生成式对抗网络生成图像在空域上存在着特定的异常痕迹。

卷积神经网络不仅在计算机视觉领域中获得广泛应用，也成功地被应用于多媒体取证。相关研究成果已证实卷积神经网络在有监督学习过程中能够表征图像信号层面的细微变化。因此，研究人员很自然地将卷积神经网络应用于生成式对抗网络生成图像检测问题，其通用检测框架如图 4-19 所示。

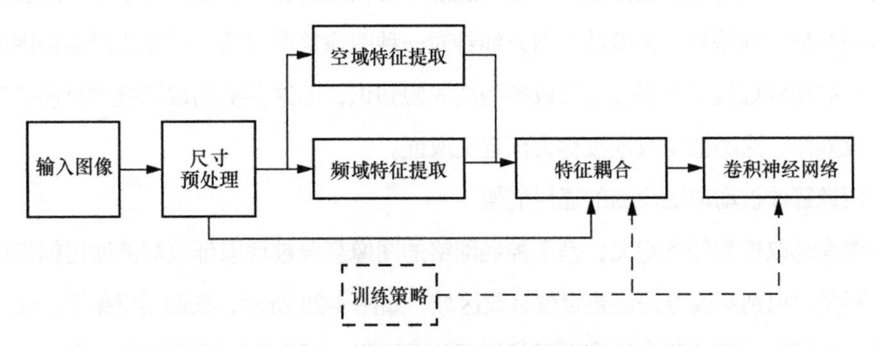

图 4-19 生成式对抗网络生成图像检测问题通用检测框架

Mo 等[15]将卷积神经网络应用于检测生成式对抗网络图像，搭建了一个浅层卷积神经网络进行检测，并探讨了模型层数和激活函数类型等网络结构对性能的影响。实验结果表明，该方法能够有效检测渐进式增长生成式对抗网络（PGGAN）生成的图像。当引入高通滤波器对生成图像进行预处理，再输入卷积神经网络时，检测准确率得到进一步提升。

直接使用卷积神经网络进行检测存在一定的局限性。同时，卷积神经网络的可解释性仍是研究人员致力解决的难题。为了进一步提高卷积神经网络分析空域信息的能力并提高模型的可解释性，研究人员开始引入取证特征作为预处理操作并采用更先进的神经网络结构。

（2）基于频域信息的生成式对抗网络图像检测算法

生成式对抗网络图像具有与真实图像不同的生成过程，其中反复使用的上采样操作在所生成图像中留下周期性痕迹。上述周期性痕迹不仅可以从空域进行分析，同时也在频域中呈现异常特性。频谱分析是表征信号周期特性的常用方法，因此，已有学者开始研究基于频域信息的生成式对抗网络生成图像检测算法。

Frank 等[16]指出，不同的上采样过程会让生成式对抗网络图像中相邻像素具备特定的相关性，导致生成图像在频域具有异常中高频分量。将生成式对抗网络生成图像变换到频域（如离散余弦变换），可以观察到中高频分量存在明显的尖峰。基于上述发现，Frank 等[16]设计了一种基于离散余弦变换及卷积神经网络的检测方法。具体地，将输入图像经过离散余弦变换得到频谱，并在对数尺度下进行归一化，然后输入卷积神经网络。研究表明，将归一化频谱作为卷积神经网络的输入，能取得更好的检测结果。

4.4.4 基于自动特征的图像篡改被动取证检测

自动特征是指预处理后的数字图像经过神经网络自动学习获取的特征。随着深度学习技术在计算机视觉领域中取得了很大的进展，近几年部分研究人员试图通过深度学习方法进行图像篡改被动取证，不仅可以定位图像篡改区域还能给出相应的篡改类型。由于不同的篡改手段所具备的特征有很大的差异，大多数模型只能针对一种图像篡改方法，不能应对多种图像篡改方法。现有的被动取证技术大多需要篡改类型的先验知识，即这些被动取证技术只能检测出特定的图像篡改操作，这类被动取证被称为预定义取证。

（1）图像篡改被动取证检测的通用框架

根据图像篡改检测任务定义，基于神经网络的图像篡改被动取证检测的通用框架应为多任务框架，不仅要识别篡改方法还要定位篡改区域。如图 4-20 所示，在通用框架下，基于自动特征的图像篡改被动取证检测方法有助于优化预处理过程，提升检测准确性与效率。

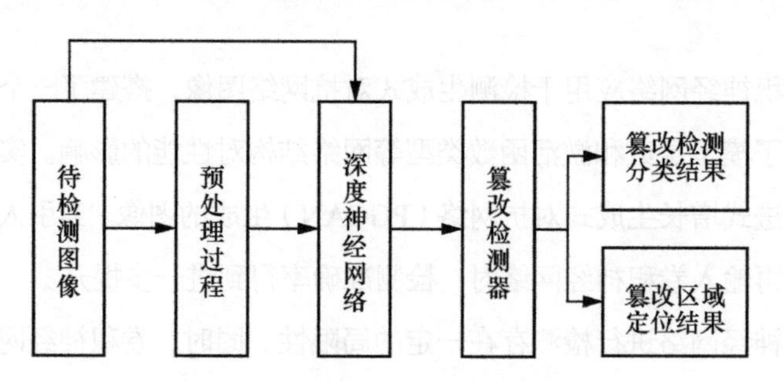

图 4-20 图像篡改被动取证检测的通用框架

（2）图像篡改被动取证检测方法的原理

随着深度学习在计算机视觉任务上的不断突破，越来越多的研究人员将深度学习应用到图像取证领域中。相比其他计算机视觉任务更关注图像的语义内容，图像篡改被动取证主要关注的是图像篡改边界的细微变化，根据边界伪影和统计特征的变化来判断图像是否经过篡改。不同的篡改手段所具备的特征有很大差异，因此深度学习在图像取证领域中所需要解决的根本问题是图像篡改特征的提取[17]。提取的篡改特征是否有效直接关系到模型的鲁棒性和泛化能力。基于自动特征的图像篡改被动取证检测模型如式（4-12）所示。

$$R = \mathrm{CNN}(\mathrm{AF}(P(I))) \tag{4-12}$$

其中，I 代表待检测图像，P 为预定义的处理过程，AF 代表的自动特征提取，CNN 代表卷积神经网络，R 表示被动取证检测结果。

4.4.5 基于手工设计特征的图像篡改被动取证检测

受传统图像篡改被动取证检测原理的启发，部分研究人员抛弃了图像的空域语义特征，实现多种图像篡改类型的被动取证检测。

（1）图像块分块预处理方法

从传统图像篡改被动取证检测原理中受到启发，研究人员通过从图像块中提取特征来避免提取图像的语义特征。在提取特征之前，首先将图像分割成图像块，然后逐一从图像块中提取图像篡改特征（重采样特征、不一致性特征等）。通过这种方法，避免从单个图像块中提取到完整的语义主体，同时，进行分块处理也能提升模型的效率。

（2）图像滤波预处理方法

针对图像的噪声特征，研究人员通过特定的高通滤波器组去除图像中的噪声信息，较好地保留图像的边缘、纹理等特征，这样有助于分析相关的图像篡改特征信息。常用于图像篡改检测的 3 个空域富模型滤波器（Spatial Rich Model Filter）组如图 4-21 所示。

$$
\begin{bmatrix} 0 & 0 & 0 & 0 & 0 \\ 0 & -1 & 2 & -1 & 0 \\ 0 & 2 & -1 & 2 & 0 \\ 0 & -1 & 2 & -1 & 0 \\ 0 & 0 & 0 & 0 & 0 \end{bmatrix}
\begin{bmatrix} -1 & 2 & -2 & 2 & -1 \\ 2 & -6 & 8 & -6 & 2 \\ -2 & 8 & -12 & 8 & -2 \\ 2 & -6 & 8 & -6 & 2 \\ -1 & 2 & -2 & 2 & -1 \end{bmatrix}
\begin{bmatrix} 0 & 0 & 0 & 0 & 0 \\ 0 & 0 & 0 & 0 & 0 \\ 0 & 1 & -2 & 1 & 0 \\ 0 & 0 & 0 & 0 & 0 \\ 0 & 0 & 0 & 0 & 0 \end{bmatrix}
$$

图 4-21 空域富模型滤波器组

Bayar 等[18]提出了一种约束卷积层的方式，可以抑制图像内容对篡改痕迹的影响。实际上，该方法就是一组通用的高通滤波器，如式（4-13）所示。

$$
P = \begin{cases} w_k(0,0) = -1 \\ \sum_{m,n \neq 0} w_k(m,n) = 1 \end{cases} \tag{4-13}
$$

其中，$w_k(0,0)$ 为卷积核中心元素，k=3，其权值被设置为−1，其余权值之和被限定为 1。与空域富模型滤波器相比，约束卷积层能够与卷积神经网络进行联合训练，通过参数更新可以学习到通用的高通滤波器，增强篡改图像检测方案的泛化性和鲁棒性。

1. 基于手工设计特征的图像篡改被动取证检测方法的通用框架

基于手工设计特征的图像篡改被动取证检测方法的通用框架如图 4-22 所示。

① 准备数据集

准备数据集是图像篡改被动取证检测的首要步骤。在任务中，数据集中的图像应当被多种操作篡改，如复制移动、拼接和修复等。研究者可以使用已经被多种操作篡改后的数据集，也可以手工对干净数据集进行多种操作的篡改。一般常用的公开数据集有 UCID[19]、CASIA V2[20] 和 REWIND[21]。

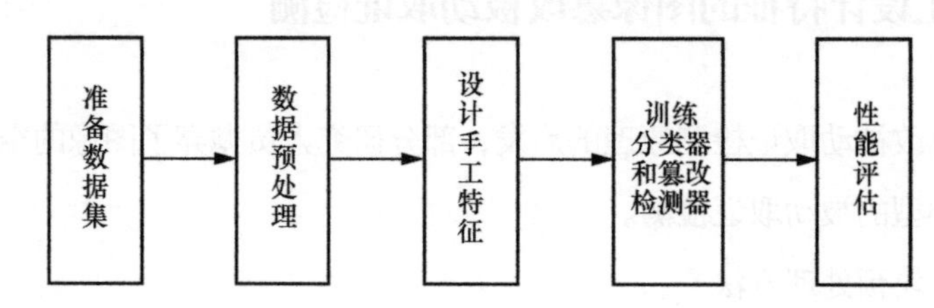

图 4-22　基于手工设计特征的图像篡改被动取证检测方法的通用框架

② 数据预处理

对数据进行预处理有助于进行后续的特征提取，从而提高分类性能。常见的数据预处理操作包括 JPEG 质量因子均衡化、色彩空间转换、模糊、滤波等。

③ 设计手工特征

设计手工特征是图像篡改被动取证检测中最重要的一个环节。根据潜在的图像篡改痕迹特点，设计对应的特征提取方法，使得篡改检测器能够鉴别图像篡改类型或定位图像篡改区域。

④ 训练分类器和篡改检测器

训练阶段应当在训练集上对传统分类器和篡改检测器的权重参数进行联合优化，并在验证集上计算验证损失以获得最优权重参数。

⑤ 性能评估

测试阶段是在测试集上对图像篡改被动取证检测方法的性能进行评估。评价指标通常包括图像篡改类型的分类准确率和图像篡改区域定位准确率。

2. 基于手工设计特征的图像篡改被动取证检测方法的原理

基于手工设计特征的图像篡改被动取证检测方法已经发展了 20 余年，有大量的相关研究成果，最新算法在被动检测精度上达到了较高水平。根据研究人员的经验，首先分析图像篡改的失真过程，构建失真过程模型，然后建模篡改的统计特征模型，最后通过机器学习方法对统计特征进行分类。被动检测方法无须待检测图像的先验知识，从图像空间域像素间相关性统计特性或图像变换域系数关联性统计特性角度，分析特殊统计分布模式或异常间断点模式。基于手工特征的图像篡改被动取证检测模型如式（4-14）所示。

$$R = \text{Classifier}(\text{HF}(P(I))) \tag{4-14}$$

其中，HF 代表手工特征提取，Classifier 代表传统分类器。

4.4.6 图像篡改被动取证经典算法

如何设计一个能实现图像篡改被动取证检测的通用模型，一直是研究人员努力的方向。当前存在多种篡改方式检测模型，按照特征提取方式主要被分为基于手工设计特征和基于自适应特征两种。

① 基于手工设计特征的图像篡改被动取证检测算法

Bunk 等[22]提出了利用提取重叠图像块上的重采样特征结合 LSTM 的模型进行分类和定位。Park 等[23]提出利用 JPEG 重压缩特征进行图像篡改检测的模型，可以检测具有混合 JPEG 质量因子的各种操作。Bappy 等[24]提出一种基于重采样特征、LSTM 和编解码器的统一模型，提取图像空间特征，实现图像篡改区域的像素级定位问题。

② 基于自适应特征的图像篡改被动取证检测算法

基于自适应特征的图像篡改被动取证检测算法不对输入图像进行预处理操作，有神经网络自行学习图像中的篡改特征。Bappy 等[25]设计并实现了一个混合的 CNN-LSTM 模型，利用 LSTM 与卷积层结合学习修改区域和非修改区域之间边界的异常特征来判定图像篡改区域。不久，MOhammed 等[26]对 CNN-LSTM 模型进行拓展，针对 CNN-LSTM 模型在复制粘贴检测上的失效问题，在模型前加入了复制粘贴检测模块，进一步提升了模型精度。Zhou 等[27]将图像内容被动取证任务转换为目标检测任务，提出了 RGB-N 框架，巧妙地将区域推荐网络（RPN）应用到图像篡改区域定位任务中，在拼接、复制粘贴、移除等操作中取得了很好的效果。

4.5 本章小结

本章主要阐述了数字图像篡改的被动取证检测。首先，本章介绍了图像篡改中常见的压缩标准和原理。然后，根据目前图像篡改攻击的分类，介绍了数字图像像素攻击、数字图像变换域攻击及深度网络模型生成攻击 3 种方法的攻击原理。最后，针对上述攻击方法，分别介绍了对应的数字图像被动取证检测原理。其中，还特别介绍了应对多种图像篡改手段的基于自适应特征的图像篡改被动取证检测原理。

本章习题

一、术语解释

1. 同步重压缩
2. 数字图像高通滤波

3. 生成式对抗网络

二、简答题

1. 阐述彩色 JPEG 图像压缩过程中误差产生的原理?

2. 生成式对抗网络中生成器和判别器的作用与关系分别是什么?

三、简述题

1. 基于神经网络的图像篡改被动取证检测一般是如何进行的?

四、编程题

1. 编程实现 JPEG 压缩与解压缩。

2. 编程实现 JPEG 压缩域图像非递归压缩域增强算法。

参考文献

[1] LIN X, LI J H, WANG S L, et al. Recent advances in passive digital image security forensics: a brief review[J]. Engineering, 2018, 4(1): 66-89.

[2] FARID H. Image forgery detection[J]. IEEE Signal Processing Magazine, 2009, 26(2): 16-25.

[3] YANG J Q, ZHU G P, LUO Y, et al. Forensic analysis of JPEG-domain enhanced images via coefficient likelihood modeling[J]. IEEE Transactions on Circuits and Systems for Video Technology, 2022, 32(3): 1006-1019.

[4] 边亮, 罗霄阳, 李硕. 基于深度学习的图像拼接篡改检测[J]. 北京航空航天大学学报, 2020, 46(5): 1039-1044.

[5] POPESCU A C, FARID H. Exposing digital forgeries by detecting traces of resampling[J]. IEEE Transactions on Signal Processing, 2005, 53(2): 758-767.

[6] 朱琳. 基于特征融合的数字图像重压缩与重采样取证研究[D]. 武汉: 华中师范大学, 2018.

[7] MAHDIAN B, SAIC S. Blind authentication using periodic properties of interpolation[J]. IEEE Transactions on Information Forensics and Security, 2008, 3(3): 529-538.

[8] ZHANG Q, LU W, HUANG T, et al. On the robustness of JPEG post-compression to resampling factor estimation[J]. Signal Processing, 2020, 168: 107371.

[9] BAYAR B, STAMM M C. On the robustness of constrained convolutional neural networks to JPEG post-compression for image resampling detection[C]//Proceedings of 2017 IEEE International Conference on Acoustics, Speech and Signal Processing (ICASSP). Piscataway: IEEE Press, 2017: 2152-2156.

[10] LIANG Y H, FANG Y M, LUO S J, et al. Image resampling detection based on convolutional neural network[C]//Proceedings of 2019 15th International Conference on Computational Intelligence and Security (CIS). Piscataway: IEEE Press, 2019: 257-261.

[11] 石泽男. 基于深度学习的数字图像内容篡改定位算法研究[D]. 长春: 吉林大学, 2021.

[12] CAO G, ZHAO Y, NI R R, et al. Contrast enhancement-based forensics in digital images[J]. IEEE Transactions on Information Forensics and Security, 2014, 9(3): 515-525.

[13] DE ROSA A, FONTANI M, MASSAI M, et al. Second-order statistics analysis to cope with contrast enhancement counter-forensics[J]. IEEE Signal Processing Letters, 2015, 22(8): 1132-1136.

[14] 何沛松, 李伟创, 张婧媛, 等. 面向 GAN 生成图像的被动取证及反取证技术综述[J]. 中国图象图形学报, 2022, 27(1): 88-110.

[15] MO H X, CHEN B L, LUO W Q. Fake faces identification via convolutional neural network[C]//Proceedings of the 6th ACM Workshop on Information Hiding and Multimedia Security. New York: ACM Press, 2018: 43-47.

[16] FRANK J, EISENHOFER T, SCHÖNHERR L, et al. Leveraging frequency analysis for deep fake image recognition[C]//Proceedings of the 37th International Conference on Machine Learning. 2020: 3247-3258.

[17] 李慧州. 基于深度学习的图像篡改检测方法研究[D]. 长沙: 湖南大学, 2021.

[18] BAYAR B, STAMM M C. Constrained convolutional neural networks: a new approach towards general purpose image manipulation detection[J]. IEEE Transactions on Information Forensics and Security, 2018, 13(11): 2691-2706.

[19] SCHAEFER G, STICH M. UCID: an uncompressed color image database[C]//Proceedings of the Storage and Retrieval Methods and Applications for Multimedia 2004. [S.l]: SPIE, 2003: 472-480.

[20] DONG J, WANG W. CASIA Tampered Image Detection Evaluation (TIDE) Database, V1.0 and V2.0[EB]. 2013.

[21] FONTANI M, BIANCHI T, DE ROSA A, et al. A framework for decision fusion in image forensics based on dempster－shafer theory of evidence[J]. IEEE Transactions on Information Forensics and Security, 2013, 8(4): 593-607.

[22] BUNK J, BAPPY J H, MOHAMMED T M, et al. Detection and localization of image forgeries using resampling features and deep learning[C]//Proceedings of 2017 IEEE Conference on Computer Vision and Pattern Recognition Workshops (CVPRW). Piscataway: IEEE Press, 2017: 1881-1889.

[23] PARK J, CHO D, AHN W, et al. Double JPEG detection in mixed JPEG quality factors using deep convolutional neural network[C]//Proceedings of the Computer Vision － ECCV 2018: 15th European Conference. New York: ACM Press, 2018: 656-672.

[24] BAPPY J H, SIMONS C, NATARAJ L, et al. Hybrid LSTM and encoder-decoder architecture for detection of image forgeries[J]. IEEE Transactions on Image Processing, 2019, 28(7): 3286-3300.

[25] BAPPY J H, ROY-CHOWDHURY A K, BUNK J, et al. Exploiting spatial structure for localizing manipulated image regions[C]//Proceedings of 2017 IEEE International Conference on Computer Vision (ICCV). Piscataway: IEEE Press, 2017: 4980-4989.

[26] MOHAMMED T M, BUNK J, NATARAJ L, et al. Boosting image forgery detection using resampling features and Copy-move analysis[J]. Electronic Imaging, 2018, 30(7): 1-7.

[27] ZHOU P, HAN X T, MORARIU V I, et al. Learning rich features for image manipulation detection[C]// Proceedings of 2018 IEEE/CVF Conference on Computer Vision and Pattern Recognition. Piscataway: IEEE Press, 2018: 1053-1061.

第5章 数字视频篡改被动取证检测

5.1 引言

近年来，随着数字媒体在人们的生活中所占比重越来越大，数字视频本身的安全性与正确性成为人们关注的重点。然而，随着各种数字视频修改、剪辑的方法不断成熟，各种基于人工智能的数字图像、视频生成技术效果不断优化，数字视频的安全性和真实性受到了严峻挑战，如一些国外等媒体利用数字视频再编辑对其他国家的政治和舆论进行攻击，以及使用 Deepfake 技术生成虚假政治人物演讲视频和明星色情视频的产业等，在政治、经济领域造成了严重的影响。

目前，数字视频内容篡改对我国的安全态势产生了新的威胁。在国家层面，造假的视频新闻等严重影响舆论的真实性，已经成为一些国外媒体攻击我国的舆论武器，造成了恶劣的后果；在社会层面，伪造的数字视频内容影响社会稳定，给了不法分子可乘之机；在个人层面，伪造数字视频侵害个人的名誉、财产安全及隐私信息等。

针对数字视频造假、篡改，有相对应的数字视频篡改取证技术，并且在近年来成为研究热点之一。然而，当前的取证技术面临着一些难点：一是标准难以统一，市场上存在大量视频和音频编解码工具，并且开源的编解码器种类繁多，为篡改检测带来了极大的困难和挑战；二是数字视频的编辑剪辑工具及生成虚假视频的技术手段众多，难以找到共同点进行统一规范化的检测。

尽管存在上述困难，数字视频篡改被动取证检测领域也有了丰硕的成果，并且在很多平台上开始使用这些技术，给数字视频的安全性和真实性带来保障。本章将会对业界中的篡改方法和被动取证技术进行介绍。

5.2 数字视频编解码标准概述

5.2.1 H.26X 编解码标准

H.26X 系列视频压缩编码标准由国际电信联盟（ITU）主导，其中 H.264/AVC 编码标准最早于 2003 年发布，它是 ITU-T 和 ISO/IEC 两家机构的联合产品，ISO/IEC 则将其命名为 MPEG-4 Part 10/AVC。

（1）H.264/AVC

H.264 编码流程大致分为预测、变换和编码 3 个步骤，解码步骤与之相反。在预测模块中，编码器基于大小为 16 像素×16 像素的宏块对每一帧图像进行处理，对宏块的预测同样是基于之前已经完成编码的宏块。预测编码根据已编码宏块来源不同，被分为帧内预测（Intra Prediction）编码和帧间预测（Inter Prediction）编码，得到预测结果后从当前宏块中减去预测数据，得到残余数据，再通过整数变换进一步除去冗余，随后对变换后得到的系数进行量化，再利用变长编码或算术编码将得到的待压缩信息转化为二进制码进行传输或存储。H.264 编码流程如图 5-1 所示。

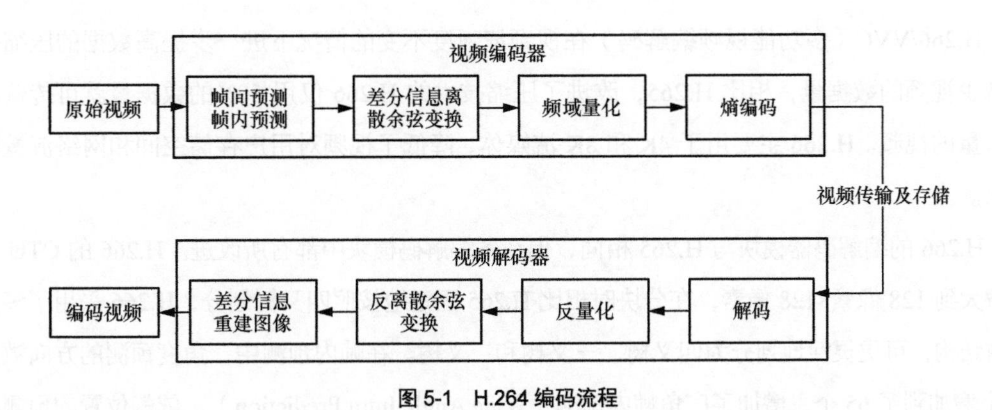

图 5-1 H.264 编码流程

在 H.264 编码的视频序列中定义了 3 种帧（I 帧、P 帧和 B 帧）。一个视频序列中的第一帧一定是 I 帧，I 帧被完整编码，含有较多比特信息。在 P 帧编码时需要先前的 I 帧或 P 帧作为参考，只含有差异部分。B 帧则需要同时考虑先后的帧来编码。将每两个 I 帧之间称为一个 GOP（Group of Pictures），在预测时，以 I 帧为基础预测 P 帧，再以 I 帧和 P 帧为基础预测 B 帧，最终传输和存储的是 I 帧和预测得到的残差数据。

（2）H.265/HEVC

H.265/HEVC（高效视频编码）相比 H.264 实现了更高的传输速率，能够以 1～2 Mbit/s 的传输速率传送分辨率为 1280 像素×720 像素的普通高清音视频，同时 H.265 标准支持 4K（4096 像素×2160 像素）和 8K（8192 像素×4320 像素）超高清视频。H.265 的编码效率得到了提升，而且得益于网络适应性的提升，H.265 还可以更好地在复杂的网络环境中运行。同时在相同的视频画质和码率下，使用 H.265 编码的视频占用存储空间相比使用 H.264 编码的视频明显减小，下降了 39%～44%。

在编码技术上，H.265 与 H.264 比较接近，并没有发生根本上的改变，H.265 与 H.264 的共同点有以宏块来细分图片，使用帧间预测和帧内预测减少视频中时间和空间上的冗余，使用变换和量化来进行残留数据压缩，使用熵编码减少残留、运动矢量传输和信号发送中的最后冗余，在结构上也比较相似，同样包含帧内预测、帧间预测、变换、量化、去区块滤波器、熵编码等模块。

H.265 将图像划分为树编码单元（CTU），相比 H.264 中尺寸固定的宏块，CTU 的大小更为灵活，其尺寸可以为 64 像素×64 像素或有限的 32 像素×32 像素、16 像素×16 像素，H.265 的编码单元通过四叉树递归分割出的转换单元尺寸也更丰富。在预测部分，H.265 支持更多的帧内预测模式和更复杂的帧间预测模式，去块化也得到了优化，可选采样点自适应偏移滤波器。

（3）H.266/VVC

H.266/VVC（多功能视频编解码）在视频清晰度不变的情况下进一步提高数据的压缩率以减少视频的数据量，相比 H.265，改进了压缩技术的 H.266 仅用 50%的数据量就可传输相同质量的视频。H.266 主要用于 4K 和 8K 流媒体，降低了视频对用户存储空间和网络流量的需求。

H.266 的编解码器模块与 H.265 相同，但在各编解码模块中都有所改进。H.266 的 CTU 尺寸增大到 128 像素×128 像素，在分块时相比 H.265 固定地按照四叉树划分，H.266 采用了多类型树结构，可更灵活地划分为四叉树、三叉树和二叉树。在帧内预测中，角度预测的方向数从 33 个增加到了 65 个，增加了广角帧内预测（Wide Angle Intra Prediction）、依赖位置的预测组合（Position-Dependent Prediction Combination）、跨分量预测（Cross-Component Prediction）、多参考线预测（Multi Reference Line Prediction）等模式。在帧间预测中，H.266 实现了仿射运动（Affine Motion）模型、几何划分（Geometric Partitioning）、自适应运动矢量分辨率（Adaptive Motion Vector Resolution）、BDOF（双向光流）、重叠块运动补偿（Overlapped Block Motion Compensation）等功能。H.266 变化块大小增大到 64 像素×64 像素，可分离的变换也增加为 4 种，编码器可根据预测模式的不同变换。

5.2.2　MPEG–x 编解码标准

MPEG 成立于 1988 年，它是由 ISO 和 IEC 建立的针对运动图像和语音压缩制定国际标准的组织。泛指的 MPEG-x 是由 ISO 制定的视频、音频、数据的压缩标准，如今 MPEG 标准主要有 MPEG-1、MPEG-2、MPEG-4、MPEG-7 和 MPEG-21。

MPEG-1 是该组织制定的第一个视频和音频有损压缩标准，其主要目标为 CD，后广泛应用于 VCD，它的音频压缩的第 3 级（MPEG-1 Layer 3）简称 MP3，是目前被广泛运用的音频压缩格式。

MPEG-2 是广播质量的视频、音频压缩和传输协议，应用于无线数字电视、数字卫星电视、数字有线电视信号及 DVD。

为了适应复杂的网络环境，MPEG-4 更加注重多媒体系统的灵活性和交互性，主要用于流媒体、视频电话、电视广播和光盘。

MPEG-7 是一个多媒体内容描述接口，并非压缩标准，可广泛应用于数字图书馆、多媒体目录服务、多媒体编辑等。

MPEG-21 标准的正式名称为“多媒体框架”或“数字视听框架”，它致力于为未来的多媒体应用提供一个完整的平台。

MPEG-1 和 MPEG-2 采用第一代压缩编码技术基于图像的统计特性设计编码器，将图像分为一系列的帧，再把帧划分为固定大小的宏块后进行运动补偿和编码。

MPEG-4 作为第二代压缩编码技术，利用了人眼视觉特性，它的核心是 AV 对象（AVO）编码。除使用了第一代压缩编码技术的核心技术，如变换编码、运动估计与运动补偿、量化、熵编码外，MPEG 组织还对 MPEG-4 进行了完善和改进，如使用了视频对象提取技术、VOP 视频编码技术，改进了视频编码可分级性技术和运动估计与运动补偿技术。

5.2.3　AVS

在 MPEG 和 VCEG 等组织制定了如 MPEG-1、H.261 等视频编码标准的背景下，为了填补该领域我国专利的空白，2002 年 6 月，原信息产业部科学技术司批准成立中国数字音视频编解码技术标准工作组（AVS 工作组），进行具有自主知识产权的音视频编解码标准的制定工作。

第一代国家 AVS 发布于 2006 年。AVS 的框架基于预测变换，主要可以被分为预测、变换、熵编码和环路滤波 4 个模块。AVS 在未使用国际标准背后大量复杂专利的情况下，通过优化技术在低复杂度的情况下实现了与国际标准相当的性能。

AVS 的主要优点如下。

（1）编码效率高，AVS 与 H.264 在编码效率上处于同一水平，并且是 MPEG-2 编码效率的 2 倍以上。

（2）复杂度低，软硬件实现成本低。

（3）我国具有主要的知识产权，使用所需要支付的专利授权费用低。针对广播电视视频编解码应用特点，2012 年发布了 AVS 的增强版——AVS+，其与 AVS1-P2 相比，增加了算术编码、加权量化、P 帧前向预测和 B 帧前向预测共 4 项关键技术。

AVS2 于 2016 年发布，其应用目标为分辨率为 4K、8K 的超高清晰度视频。AVS2 采用的仍然是传统的混合编码框架，但通过对每一个模块进行改进，AVS2 在性能上相较于上一代的 AVS 和 AVS+得到了显著提升。

AVS2 的主要优点如下。

（1）与 H.265 和 HEVC 相比，压缩效率更高。

（2）在预测、补偿手段上也有显著优化。但 AVS2 的技术复杂度较高，相较上一代 AVS 提升明显，与同代编码技术的复杂度相比更高。

AVS3 是全球首个面向 8K 超高清及 5G 产业应用的音视频信源编码标准。AVS3 于 2021 年 10 月发布，目前 AVS3 已经获得数字视频广播（DVB）组织的批准成为下一代 4K/8K 视频编码标准之一，这也是 DVB 组织首次接收中国视频标准，并且在北京 2022 年冬季奥运会和冬季残奥会的转播中采用了 AVS3 标准。

AVS3 的主要特点如下。

AVS3 的编码效率相较 AVS2 提高约 30%，相较 H.265 则可以提高约 40%。

5.3 数字视频篡改攻击简述

数字视频篡改攻击是指使用计算机处理技术，对原始的视频图像进行帧内、帧间或者编码层次的操作，使其相较于原始视频有所变化，从而达到迷惑人眼或者计算机检测的目的。以下分类方法只是针对数字视频篡改技术进行的大致划分，在实践中，常见的情况是多种数字视频篡改攻击方法混合使用，如对原始视频进行帧间篡改后，还需要对其进行一定程度的消除篡改痕迹的滤波操作及重编码，以达到更好地欺骗人眼和计算机检测手段的目的。数字视频篡改攻击分类如图 5-2 所示。

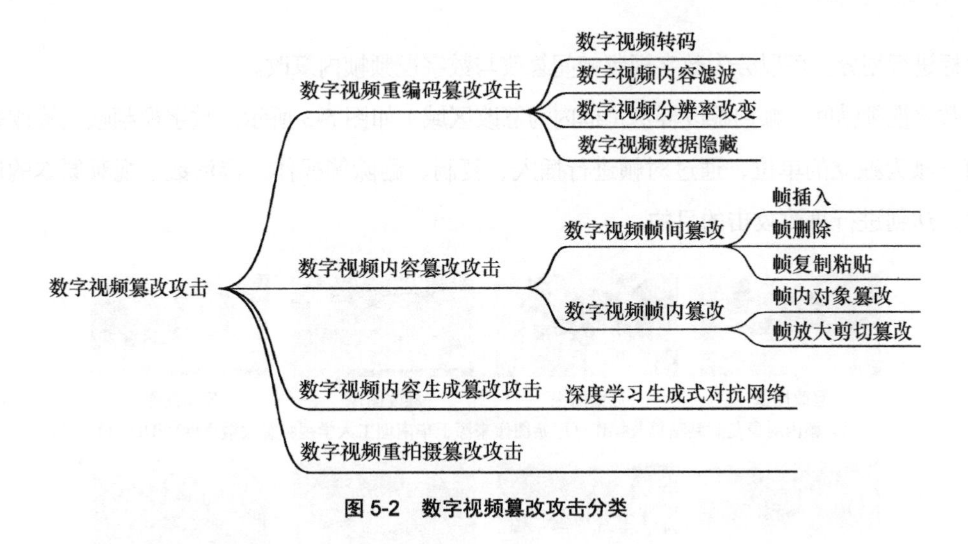

图 5-2 数字视频篡改攻击分类

5.3.1 数字视频重编码篡改攻击

数字视频重编码篡改攻击是指在不改变视频本身的语义信息的情况下，对数字视频进行的编辑操作，如对原视频进行转码、视频内容增强滤波、视频分辨率提升或降低及信息隐藏等操作。

数据隐藏技术，即数字视频隐写技术，可以在不改变视频本身内容的前提下，通过向视频内添加冗余信息或者精心设计编码过程中的一些参数细节，实现对数据的隐藏与传播。北京交通大学的李赵红等[1]针对 HEVC 视频中预测单元（PU）不同尺寸的划分类型在隐写前后的数目变化，提出了一种基于 P 帧中的 PU 类型的数据隐写方式。

使用超分辨率（Super Resolution）技术对数字视频进行修改。超分辨率技术指不对视频原本的语义信息进行修改，而是在尽可能减少原始画面信息损失的条件下，提升视频画面的分辨率，进而提高数字视频的质量。Kappeler 等[2]在视频超分辨率技术研究中，引入了卷积神经网络对视频的原始画面进行处理，该研究在时间维度上和空间维度上均进行了卷积神经网络的处理，将连续的帧经过运动补偿用作卷积神经网络的输入，将卷积神经网络产生的超分辨率视频帧图像作为输出。

5.3.2 数字视频内容篡改攻击

数字视频内容篡改攻击是指，在对原始的数字视频文件进行全部解码或者部分解码后，获取到视频的帧序列图像、音频和视频中特定对象等内容，并在这些内容中进行语义级别的篡改，篡改后视频内容的真实性与可用性遭到破坏。攻击者的主要目标是对帧图像进行篡改，根据攻击目标进行划分，可以分为数字视频帧间篡改与数字视频帧内篡改。

数字视频帧间、帧内篡改样例（框内为篡改区域）如图 5-3 所示。数字视频帧间篡改是指以每一帧为独立的单位，通过对帧进行插入、复制、删除等操作，混淆数字视频原本的语义信息，达到进行篡改攻击的目的。

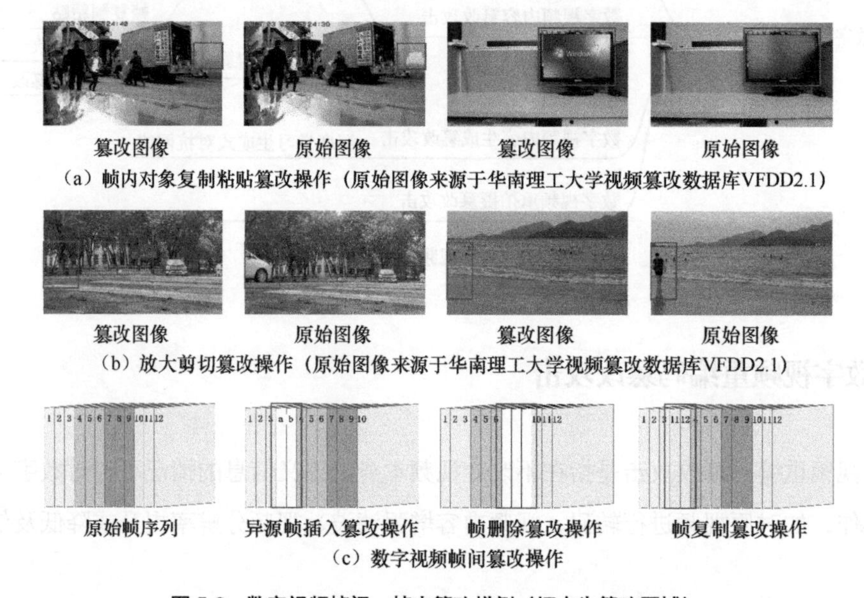

（a）帧内对象复制粘贴篡改操作（原始图像来源于华南理工大学视频篡改数据库VFDD2.1）

（b）放大剪切篡改操作（原始图像来源于华南理工大学视频篡改数据库VFDD2.1）

（c）数字视频帧间篡改操作

图 5-3　数字视频帧间、帧内篡改样例（框内为篡改区域）

根据对数字视频进行操作的定义，可以将数字视频帧间篡改划分为帧复制粘贴、帧插入、帧删除 3 种主要类型[3]。

帧复制粘贴指对同一视频内的帧进行复制后，插入时间轴的其他位置，造成一种事件重复发生或者混淆发生时间的错误认知。

帧插入是指将从不同的数字视频中得到的帧插入被篡改视频的时间轴的某一位置。

帧删除是指对被篡改视频中的某一帧或者某一段时间内的帧进行删除，并对被删除帧前后的视频进行重新拼接，隐瞒某一时间所发生的事件。

数字视频帧内篡改是指以数字视频帧图像内的对象为单位，对其进行移除、复制粘贴、插入新对象等操作，从而篡改视频内容的语义信息，达到篡改攻击的目的。根据数字视频中背景信息是否在变化，2013 年，Wang 等[4]将数字视频帧内篡改划分为静止背景下的视频帧内篡改及运动背景下的视频帧内篡改。

5.3.3　数字视频内容生成篡改攻击

数字视频内容生成篡改攻击指利用生成式对抗网络，从噪声中生成有意义的视频图像内容，这些内容可以看作从随机噪声产生，并非实际所发生的事件。

Goodfellow 等[5]提出了生成式对抗的概念，生成式对抗网络的核心机制在于使用两个网络，分别是生成网络（G，Generative Net）和判别网络（D，Discriminative Net），G 的作用是接收噪声输入，并生成数据，而 D 的作用是判别 G 所生成的图像是不是真实图像。该技术利用了零和博弈的思想，对两个网络进行交替训练，最终达到纳什均衡，此时判别网络无法判别生成网络生成的图像和真实图像之间的差异。

整体网络训练的目标在于优化一个最大最小函数 $V(D,G)$，如式（5-1）所示。

$$\min_G \max_D V(D,G) = E_{x\sim p_{\text{data}}(x)}\left[\log\left(D(x)\right)\right] + E_{z\sim p_z(z)}\left[\log\left(1-D\left(G(z)\right)\right)\right] \tag{5-1}$$

Hosler 等[6]认为使用生成式对抗网络生成的 Deepfake 视频虽然在视频和音频上有着较高的一致性，但是在更深层次的语义信息层面（如情感等）存在偏差，因此使用 LSTM 网络对数字视频中的视频信息和音频信息进行情感分析，以此来鉴别是否为正常的样本。Zhao 等[7]利用多头空间注意力机制处理数字视频，使用多头空间注意力机制模块使网络可以关注到样本的不同位置的局部信息，然后使用纹理特征增强模块放大特征中的细微伪影，最后聚合由多头空间注意力机制模块提取的低级语义特征和高级语义特征，对最终的特征进行分类。

5.3.4　数字视频重拍摄篡改攻击

数字视频重拍摄篡改攻击指在物理上使用拍摄设备，对数字视频内容进行重新拍摄，因此造成空时信息混乱，达到篡改视频的目的。当显示器进行数字视频内容的显示时，通常有两种屏幕成像扫描方式，即隔行扫描和逐行扫描，如图 5-4 所示，隔行扫描是指首先对画面的奇数行进行刷新，然后对画面的偶数行进行刷新，这样一帧画面需要进行两次刷新；而逐行扫描只需要进行一次刷新就可以将画面中的所有内容显示出来，因此人眼感知逐行扫描画面更加流畅。

早期受制于成本，许多电视显示器技术使用隔行扫描的技术，因此造成了一定程度上画面的闪烁，而随着显示技术的发展，隔行扫描技术基本退出了舞台，当前主要使用逐行扫描技术。

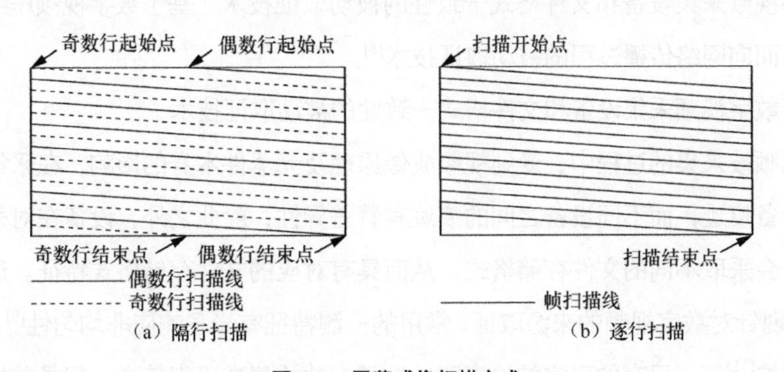

图 5-4　屏幕成像扫描方式

5.4 数字视频篡改被动取证简述

数字视频篡改编辑技术种类繁多，从码流级到像素级，从人工方法到智能方法，从空时域到编码域编辑。这些篡改方法具备隐秘性，但是也在某一层面上有迹可循，在对视频进行篡改编辑的过程中，产生了各种篡改数据，篡改数据可能破坏原始数据的分布而造成异常点的发生，甚至造成非典型特征分布模式等情况，进而形成一系列与之对抗的数字视频篡改被动取证技术，来解决视频篡改问题。数字视频篡改被动取证分类如图 5-5 所示。

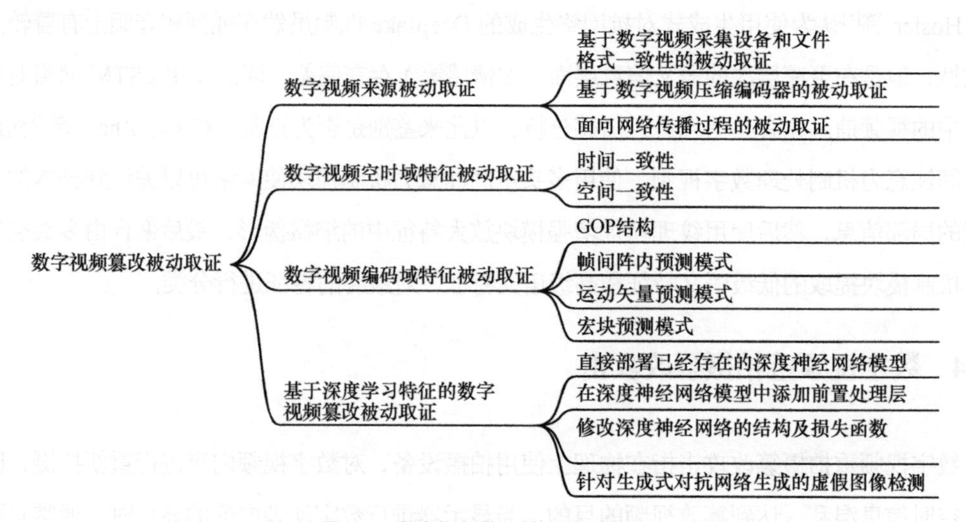

图 5-5 数字视频篡改被动取证分类

5.4.1 数字视频来源被动取证

依据数字视频采集、处理及传播的过程，数字视频来源被动取证技术可以被分为 3 类，分别是基于数字视频采集设备和文件格式一致性的被动取证技术、基于数字视频压缩编码器的被动取证技术及面向网络传播过程的被动取证技术[8]。

（1）基于数字视频采集设备和文件格式一致性的被动取证技术

在自然视频被采集的过程中，受到视频成像原理及元器件本身的影响，在采集到的视频中会遗留一些设备痕迹，而不同设备之间的痕迹有着差异性，除此之外，设备在对采集到的视频进行存储时，会采取不同的文件存储格式，从而具有对应的文件存储格式特征。通过提取这些特征，可以实现针对数字视频的来源取证。常用的检测特征有光子响应非均匀性[9]、电网频率[10]及视频容器结构[11]等。已有的研究结论表明，这类方法检测准确率较高，但是前提是假设视频来源已知或者格式已知。

（2）基于数字视频压缩编码器的被动取证技术

当前的数字视频以压缩编码的形式存储，当自然图像通过成像设备后，一般要进行成像设备内部的视频编码才可以被存储，且第一次压缩由摄像机内部的硬件压缩专用编码芯片完成。在视频编码时，有些编码参数是视频编码标准所没有规范的，是由具体编码算法和待编码的信号特征所共同决定的。在实际编码过程中，这类参数数量会很多，并且不同厂商在不同设备上的算法也会有所差异，使不同型号或者不同品牌内部的编码结构有所区别，因此在进行视频取证时可以通过提取编码时的参数进行验证，如量化参数、运动矢量等。

（3）面向网络传播过程的被动取证技术

在数字视频通过网络传输时，不同的网络通道所导致的丢包、误差等不同，会影响接收端的重建视频内容。如果从重建帧中反向推导出通道损失模式，如误差概率、突发度或其他误差分布等统计特征，便可鉴别传输协议或码流传输设备。现有的鉴别网络传输痕迹的算法主要使用传输统计特性计算通道失真。

5.4.2　数字视频空时域特征被动取证

在数字视频中，相邻的帧或者像素之间往往存在着较强的关联性，如在拍摄自然运动视频时，如果没有进行剪辑修改，那么相邻帧之间的运动往往是连贯的，如属于同一段动作；而在同一帧内相邻的像素之间也有着一定的关联，如属于同一个拍摄对象，被称为数字视频的空时关联一致性。

而数字视频经过篡改后，无论是在帧间进行篡改还是在帧内进行篡改，都会对这种空时关联一致性造成破坏，从而留下篡改的痕迹，因此许多研究方法利用这种性质，对数字视频的篡改进行取证鉴别。

时间特征一般是视频本身的光流特征及编码过程中计算产生的运动矢量特征，这二者在表达时间与动作的连续性上有着相近的效果。在对视频进行帧间篡改后，光流特征会产生变化，相邻帧之间的运动估计也会发生非自然的扰动，因此可以使用光流特征或者运动矢量特征对视频篡改进行检测[12-13]。

5.4.3　数字视频编码域特征被动取证

编码域特征主要用来检测数字视频重编码篡改攻击，视频重编码操作是在首次编码的基础上再一次执行编码操作，基于编码域特征统计分析的视频重编码痕迹检测算法实际上就是根据视频重编码操作对视频编码后的参数扰动关系构建检测依据，依赖手工设计的特征来进行检测的算法。

在对数字视频进行重编码时，在GOP结构、帧间阵内预测模式、运动矢量预测模式、宏块预测模式等编码模式上均会留下一定的痕迹，通过手工设计一次编码和二次编码中这些痕迹的差异性特征，可以实现视频重编码的检测[14-15]。

该类检测算法能有效地检测普通场景下的重编码操作，但存在一些不足，具体如下。

（1）算法过度依赖解码器对参数的提取，并且容易受到反取证手段的攻击。

（2）当视频包含强运动成分信息或场景切换时，算法性能将下降。

（3）智能编码技术的兴起，为重编码检测带来新的危机。

5.4.4 基于深度学习特征的数字视频篡改被动取证

基于深度学习的人工智能技术已经在多个领域内取得了优秀的应用表现，而其中一项至关重要的技术就是卷积神经网络，在有强大算力的支持下，卷积神经网络的特征提取和表达能力远优于手工特征提取方法。传统数字视频篡改被动取证的流程是“篡改痕迹提取+取证特征设计+分类器分类”[8]，而由于在手动设计特征时针对性过强，往往泛化性不足，一种特征仅能针对一种类型的篡改，效率较低；此外，数字视频在篡改过程中会留下许多难以使用数学模型精确描述的痕迹信息，这些特征是难以通过手工特征进行定义及分类的，因此引入了深度神经网络来代替手工特征提取，从自主学习到众多的潜在特征，实现数字视频篡改被动取证。

根据网络模型利用方式的不同，使用深度神经网络进行的数字视频篡改被动取证有4种类型：第1种类型是直接部署已经存在的深度网络模型；第2种类型是通过在深度神经网络模型中添加前置预处理层的方式提取视频篡改特定痕迹以实现视频篡改检测；第3种类型是修改深度神经网络的结构及损失函数，使其更适合实现视频篡改被动取证检测任务[16]；第4种是直接针对生成式对抗网络（GAN）生成的虚假图像检测，如虚假人脸等。

（1）直接部署已经存在的深度神经网络模型

在视频内容理解及视频动作分类领域中，出现了众多使用深度神经网络的研究，如C3D网络和I3D网络等，这些网络使用3D卷积神经网络对视频样本在时间和空间维度上同时进行卷积，提取视频样本的空时特征，最后进行分类，并且在公开数据集中都达到了很高的识别准确率，证明了这些网络的特征提取能力是强大而有效的。如果从视频分类的角度看待视频篡改，那么可以将视频篡改取证看作二分类任务，即正常样本及篡改样本，并且其中存在显而易见的特征差异，于是可以考虑使用已有的视频内容理解网络对篡改样本进行特征提取并分类。通常将该方法应用于帧间篡改，并且针对帧插入、帧删除及帧复制粘贴等篡改方法取得了不错的效果[17-19]。

（2）在深度神经网络模型中添加前置预处理层

虽然视频篡改被动取证检测问题与视频内容理解以及视频分类任务有着一定的相似性，但取证检测任务正负样本之间的差异性远小于内容理解任务中正负样本的差异性，即类内差异较小。在这种情况下，直接使用现有的网络可能并不能很好地对提取到的特征进行分类，因此可以使用一些精心设计的前置预处理层，对视频样本进行过滤，从而利于后续的深度神经网络进行进一步分析。通常采用的方式是使用滤波处理操作，过滤掉视频本身的语义信息，突出正常视频和篡改视频之间的奇异信号的差异，并送入卷积神经网络进行篡改判别。

（3）修改深度神经网络的结构及损失函数

将数字视频篡改被动取证任务看作独立的分类任务，对其进行特殊网络结构的设计及损失函数的设计。这类任务结合取证的实际需求，主要针对视频编解码器、重压缩、相机模型及帧间帧内篡改等篡改攻击方式，设计特有的视频特征提取网络结构。考虑到视频篡改本身在时间维度上的连续性，通常会使用 RNN、LSTM、GRU 等时序网络，并且可以达到较好的检测性能。

（4）针对生成式对抗网络生成的虚假图像检测

在数字视频篡改攻击中，基于生成式对抗网络生成的假脸视频等攻击方法有着隐蔽性高、欺骗性强及难以通过传统方法检测的特点，针对这类数字视频篡改攻击方法的检测也是当前领域内研究的重点、难点及热点之一。在面对 Deepfake 攻击时，一种思路是结合多模态的信息对其进行检测，如通过视频中的人面部表情、语音信息、心率变化等多维度的特征对假脸视频进行检测；另一种思路是利用当前生成式对抗网络在一些细节的处理上不太自然，会遗留篡改痕迹的特点来进行检测，如根据人脸的眼球、面部轮廓及唇部动作是否自然等细节对假脸视频进行检测。

5.5 本章小结

数字视频篡改被动取证检测技术正处在发展的初级阶段，还存在大量待研究的问题，具体如下。

（1）篡改攻击残留痕迹与数字视频编码技术的依赖关系尚存在空白领域有待探索。例如，数字视频各类编码标准的不同特性、内在机制、信息失真模型理论、特征模型建模的方法论、算法检测框架的高效性和安全性等问题，还需要不断完善，逐步建立起完整的数字视频篡改被动取证检测理论体系。

（2）人工智能理论、深度网络学习方法与视频再编辑篡改技术之间的博弈是未来的发展趋势。例如，新型的通用视频编码（VVC，Versatile Video Coding）采用了众多的神经网络模块替代传统编码框架中画面提质模块、滤波模块、运动预测模块等，检测视频再编辑篡改痕迹的难度更上一个台阶，新理论和新方法的博弈、较量更具挑战性。

（3）尽管目前出现了若干公开视频再编辑篡改数据库，但是覆盖篡改类型还比较有限，且篡改类型在不断发展与更新，数据库建设的标准也不统一，数据库的原始样本也存在混乱的情况，对整个领域研究的未来发展而言还是远远不够的。

（4）现有客观评价指标体系大多数仅限于传统的检测准确率、算法效率、篡改定位准确率等指标，但这些指标无法满足对篡改检测算法性能全方位的评价，对未来算法应用落地是一个不容回避的现实问题，亟待更多的学者投入精力和更多研究成果来支撑和扩充客观评价指标体系。

（5）专用算法尽管取得了丰硕的成果，但还存在着诸多边界限定条件的限制，与实际应用相比，彼此存在较大差距。与之相对的通用算法成果数量不多，且边界限定条件也不利于应用。通用算法的检测目标任务、识别准确率、泛化能力等，与实际应用需求相比，还存在较大提升空间。

本章习题

一、名词解释

1. 数字视频篡改
2. 数字视频内容生成篡改攻击
3. 数字视频内容篡改攻击
4. 生成式对抗网络

二、简答题

1. 阐述数据隐藏技术的概念。
2. 阐述数字视频内容帧间篡改攻击的概念和分类，以及每一种攻击的实现方式。

三、简述题

1. 数字视频篡改有什么危害？
2. 如何看待 Deepfake 技术在当前网络世界中造成的影响？
3. 简述数字视频来源被动取证技术的分类。
4. 简述基于深度学习特征的数字视频篡改被动取证技术的分类。

四、讨论题

1. 讨论国际上使用 Deepfake 技术造成的重大事件及其影响。
2. Deepfake 技术是否有其正面积极意义？请阐述自己的看法。

参考文献

[1] LI Z H, MENG L J, XU S T, et al. A HEVC video steganalysis algorithm based on PU partition modes[J]. Computers, Materials & Continua, 2019, 59(2): 563-574.

[2] KAPPELER A, YOO S, DAI Q Q, et al. Video super-resolution with convolutional neural networks[J]. IEEE Transactions on Computational Imaging, 2016, 2(2): 109-122.

[3] CHAO J, JIANG X H, SUN T F. A novel video inter-frame forgery model detection scheme based on optical flow consistency[C]//Proceedings of the 11th International Conference on Digital Forensics and Watermarking. New York: ACM Press, 2012: 267-281.

[4] WANG W, JIANG X H, WANG S L, et al. Identifying video forgery process using optical flow[C]//Proceedings of the International Workshop on Digital Watermarking. Heidelberg: Springer, 2014: 244-257.

[5] GOODFELLOW I J, POUGET-ABADIE J, MIRZA M, et al. Generative adversarial nets[C]//Proceedings of the 27th International Conference on Neural Information Processing Systems. New York: ACM Press, 2014: 2672-2680.

[6] HOSLER B, SALVI D, MURRAY A, et al. Do deepfakes feel emotions? A semantic approach to detecting deepfakes via emotional inconsistencies[C]//Proceedings of 2021 IEEE/CVF Conference on Computer Vision and Pattern Recognition Workshops (CVPRW). Piscataway: IEEE Press, 2021: 1013-1022.

[7] ZHAO H Q, WEI T Y, ZHOU W B, et al. Multi-attentional deepfake detection[C]//Proceedings of 2021 IEEE/CVF Conference on Computer Vision and Pattern Recognition (CVPR). Piscataway: IEEE Press, 2021: 2185-2194.

[8] 丁湘陵，杨高波，赵险峰，等. 数字视频伪造被动取证技术研究综述[J]. 信号处理，2021, 37(12): 2371-2389.

[9] JUNG D J, HYUN D K, RYU S J, et al. Detecting re-captured videos using shot-based photo response non-uniformity[C]//Proceedings of the International Workshop on Digital Watermarking. Heidelberg: Springer, 2012: 281-291.

[10] 崔三帅，毛毛雨，林晓丹，等. 图像视频中 ENF 信号的分析及应用综述[J]. 应用科学学报, 2019, 37(5): 573-589.

[11] IULIANI M, SHULLANI D, FONTANI M, et al. A video forensic framework for the unsupervised analysis of MP4-like file container[J]. IEEE Transactions on Information Forensics and Security, 2019, 14(3): 635-645.

[12] WU Y X, JIANG X H, SUN T F, et al. Exposing video inter-frame forgery based on velocity field consistency[C]//Proceedings of 2014 IEEE International Conference on Acoustics, Speech and Signal Processing (ICASSP). Piscataway: IEEE Press, 2014: 2674-2678.

[13] HE P S, JIANG X H, SUN T F, et al. Detection of double compression in MPEG-4 videos based on block artifact measurement[J]. Neurocomputing, 2017, 228: 84-96.

[14] LI Q, WANG R D, XU D W. Detection of double compression in HEVC videos based on TU size and quantised DCT coefficients[J]. IET Information Security, 2019, 13(1): 1-6.

[15] VÁZQUEZ-PADÍN D, FONTANI M, SHULLANI D, et al. Video integrity verification and GOP size estimation via generalized variation of prediction footprint[J]. IEEE Transactions on Information Forensics and Security, 2020, 15: 1815-1830.

[16] VÁZQUEZ-PADÍN D, FONTANI M, BIANCHI T, et al. Detection of video double encoding with GOP size estimation[C]//Proceedings of 2012 IEEE International Workshop on Information Forensics and Security (WIFS). Piscataway: IEEE Press, 2012: 151-156.

[17] BAKAS J, NASKAR R. A digital forensic technique for inter－frame video forgery detection based on 3D CNN[C]//Proceedings of the International Conference on Information Systems Security. Cham: Springer, 2018: 304-317.

[18] LONG C J, BASHARAT A, HOOGS A. A coarse-to-fine deep convolutional neural network framework for frame duplication detection and localization in forged videos[EB/OL]. 2018: arXiv: 1811.10762.

[19] LONG C J, SMITH E, BASHARAT A, et al. A C3D-based convolutional neural network for frame dropping detection in a single video shot[C]//Proceedings of 2017 IEEE Conference on Computer Vision and Pattern Recognition Workshops (CVPRW). Piscataway: IEEE Press, 2017: 1898-1906.

第6章 数字音频篡改被动检测的应用实践

6.1 引言

随着人们使用数字音频篡改软件的门槛和难度逐渐降低，数字音频恶意篡改事件层出不穷，为社会信任、新闻真实、司法取证等方面带来了严峻的挑战。在此背景下，保证数字音频的真实性和完整性，保障司法公正，成为当今国际社会的迫切需求。因此，国内外许多研究机构和司法取证机构将数字音频取证技术作为重要研究课题之一[1]。数字音频的复制粘贴篡改检测是数字音频篡改检测领域中的热门研究方向之一，能够有效防止被篡改数字音频的传播[2]。针对数字音频复制粘贴篡改检测的研究起步较晚，还未深入，因此需要进一步发展该检测技术。

6.2 数字音频复制粘贴篡改的被动检测方法

6.2.1 数字音频的复制粘贴篡改

数字音频的复制粘贴篡改是一种较为常见的篡改手段[3]。篡改者对音频中某些片段进行复制操作，并将其粘贴到同一段或不同段音频中的其他位置上，实现改变音频原始语义的目的[4]。为了消除复制粘贴篡改后遗留的痕迹，篡改者会继续对音频的片段进行加噪、滤波、重压缩、重采样和相位变换等后处理操作。这让取证人员难以有效地判断数字音频的各个片段波形是否存在相似性，进而难以判断待测音频中是否存在复制粘贴篡改片段[5]。

图 6-1 为经过复制粘贴篡改的数字音频波形图。其中，虚线表示有声段的起止点，而实线矩形框表示对有声段进行复制粘贴篡改的区域。数字音频的复制粘贴篡改方法主要有 3 种类型，

分别为整体复制–整体粘贴篡改方式、部分复制–整体粘贴篡改方式和部分复制–部分粘贴篡改方式[6]。图 6-1（a）展示了数字音频的整体复制–整体粘贴篡改。该方法将一个独立的有声段复制并粘贴为另一个独立的有声段。图 6-1（b）展示了数字音频的部分复制–整体粘贴篡改，即将一个独立有声段中的某一部分粘贴为另一个独立有声段。图 6-1（c）展示了数字音频的部分复制–部分粘贴篡改，将一个独立有声段中的某一部分粘贴为另一个独立有声段中的一部分。

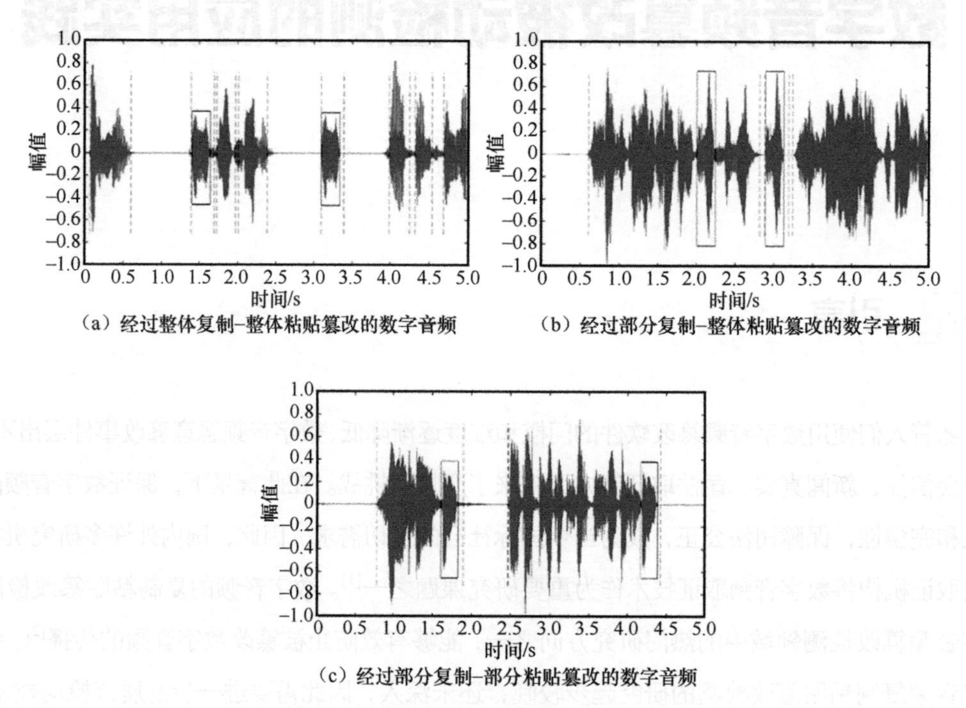

（a）经过整体复制–整体粘贴篡改的数字音频

（b）经过部分复制–整体粘贴篡改的数字音频

（c）经过部分复制–部分粘贴篡改的数字音频

图 6-1 经过复制粘贴篡改的数字音频波形图

6.2.2 基于数字音频复制粘贴篡改的后处理攻击

在经过复制粘贴篡改的伪造语音中，复制粘贴片段之间相似性高，且比较容易被捕捉[7]。因此，篡改者往往会对伪造后的音频进行一定程度的后处理操作来降低复制粘贴片段之间的相似性，从而抹去伪造痕迹。依据数字音频的后处理区域的不同，分为全局后处理和局部后处理两大类[8]。

图 6-2 展示了一段未经过后处理的复制粘贴篡改音频的波形图，以及其经过 MP3 重压缩、中值滤波、加噪、Bubble Popper 相位编码、升调半音阶等全局后处理的复制粘贴篡改音频波形图。在每个波形图中，虚线框内的波形为复制粘贴篡改音频中的复制和粘贴两个波形片段。从图 6-2 中可以发现，经过全局后处理操作，复制粘贴篡改音频中各个片段的样本点幅值会在一定程度上发生改变，但音频复制和粘贴的波形依旧比较相似。在对数字音频的所有片段进行全局后处理时，复制粘贴的

片段也经过相同的后处理操作。虽然复制和粘贴片段左右两端所拼接的音频片段并不一致，但复制和粘贴片段的相似度在经过全局后处理后会有一定程度的降低。因此，对复制粘贴篡改音频进行全局后处理能够在一定程度上消除音频内部的伪造痕迹。

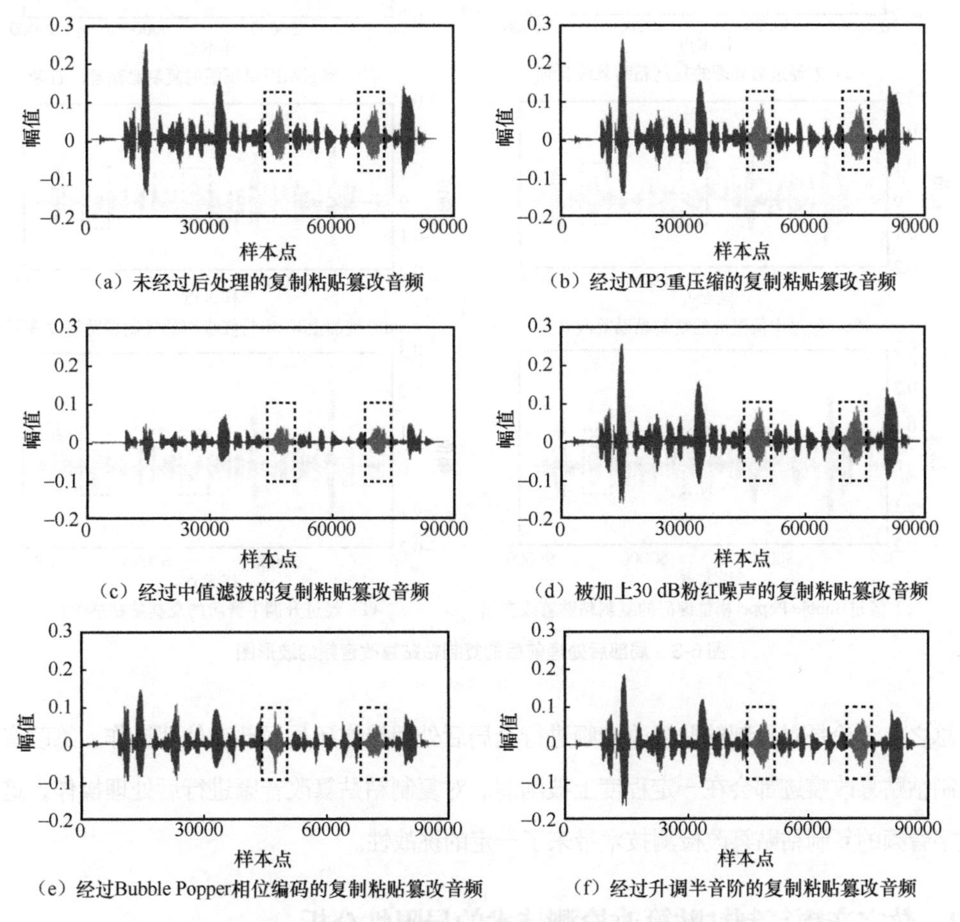

（a）未经过后处理的复制粘贴篡改音频

（b）经过MP3重压缩的复制粘贴篡改音频

（c）经过中值滤波的复制粘贴篡改音频

（d）被加上30 dB粉红噪声的复制粘贴篡改音频

（e）经过Bubble Popper相位编码的复制粘贴篡改音频

（f）经过升调半音阶的复制粘贴篡改音频

图 6-2　全局后处理前后的复制粘贴篡改音频的波形图

图 6-3 展示了一段未经过后处理的复制粘贴音频的波形图，以及其经过 MP3 重压缩、中值滤波、加噪、Bubble Popper 相位编码、升调半音阶等局部后处理的波形图。在每个波形图中，均将后面虚线框内的音频片段通过复制和粘贴的方式生成前面虚线框内的音频片段。在对音频进行后处理操作时，只对前面那块虚线框内的粘贴片段进行后处理操作，其余位置上的片段均不进行处理。从图 6-3 中可以发现，复制粘贴篡改音频经过 MP3 重压缩、加噪和升调半音阶局部后处理后，复制与粘贴的片段仍然存在相似的现象。如果对数字音频的后处理操作程度比较大，会使得人耳听觉系统能够轻松地察觉到音频中存在的差异。但经过中值滤波、Bubble Popper 相位编码等局部后处理后，前面虚线框内的粘贴片段的波形出现了较大改变。因此，对复制粘贴篡改音频进行局部后处理能够在一定程度上消除其内部的伪造痕迹。

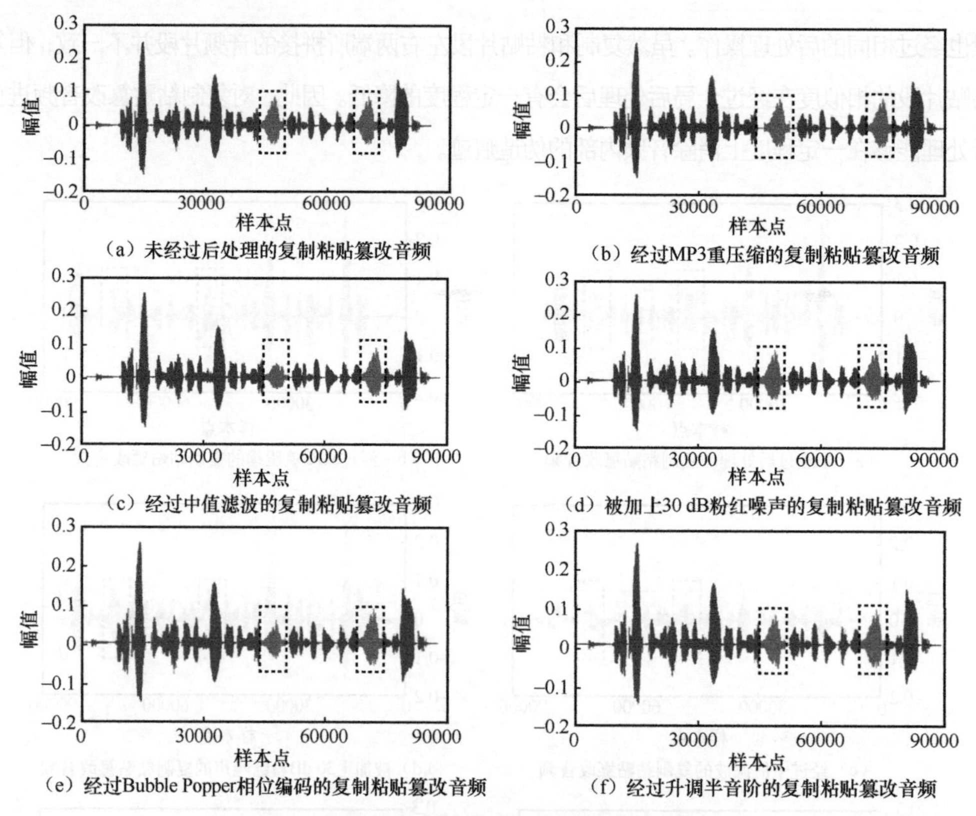

图 6-3　局部后处理前后的复制粘贴篡改音频的波形图

总之，无论是对复制粘贴篡改音频进行全局后处理操作还是局部后处理操作，篡改音频中的复制粘贴篡改痕迹都会在一定程度上被削弱。对复制粘贴篡改音频进行后处理操作，这无疑为数字音频的复制粘贴篡改检测技术带来了一定的挑战性。

6.2.3　数字音频复制粘贴篡改检测技术的局限性分析

面对数据多样化的音频，现有的数字音频复制粘贴篡改检测技术仍然存在一定的局限性，存在如下关键问题。

（1）缺乏统一的数字音频复制粘贴篡改数据库。数字音频的被动检测技术尚处于快速发展阶段。针对数字音频的复制粘贴篡改取证研究，往往需要研究者设计相关的数据库验证所提出的算法，目前缺乏统一、权威的数字音频复制粘贴篡改数据库。

（2）模型对抗性问题。如果训练数据未经过相位编码后处理操作，模型将难以取得优异的对抗性能。增加训练数据的多样性可以缓解该问题，但未对训练数据进行后处理操作就会使训练模型存在失效的风险。因此，在未来研究中，需要进一步提升模型的泛化性及鲁棒性，使其能检测各种复制粘贴区域长短不一的伪造音频，并抵抗新的后处理攻击。

（3）音频的有声段划分问题。现有数字音频的复制粘贴篡改检测和定位算法大多数是基于话音激活检测（VAD，Voice Activity Detection）算法提出的，对话音激活检测技术有较强的依赖性，话音激活检测技术的性能直接影响所提算法对复制粘贴篡改检测和定位的性能。如何设计更有效的有声段划分算法，是增强检测算法性能的关键问题。

6.3 数字音频的复制粘贴篡改检测过程分析

在通常情况下，数字音频的复制粘贴操作在同一句话中完成，因而生成音频中的噪声不会发生太大改变，且复制粘贴区域的相似度较高，这为研究人员检测复制粘贴操作提供了理论基础[9]。

数字音频复制粘贴篡改检测的基本原理为复制片段和粘贴片段之间具有很高的相似度，而没有进行复制粘贴篡改的有声段之间的相似度较低，通过相似度对比算法量化任意有声段之间的相似程度就可以判断待测音频信号中是否含有重复有声段[10-11]。图6-4为数字音频复制粘贴篡改检测过程。首先，对待测音频信号进行分帧、加窗、傅里叶变换或预加重等一系列预处理操作，利用话音激活检测算法或归一化低频能量比（NLFER，Normalized Low Frequency Energy Ratio）方法等划分音频中的静音段和有声段，并将含有的静音段从原始数字音频中去除；其次，对每个有声段进行特征提取，从而获得音频特征，如基音特征、梅尔倒谱系数特征及离散傅里叶变换系数等；再次，计算每个有声段所提取音频特征之间的相似度，以判断任意两个有声段是否存在重复的音频片段；最后，将量化后的相似度值与预先设置的阈值进行对比，从而实现对数字音频的复制粘贴篡改检测。

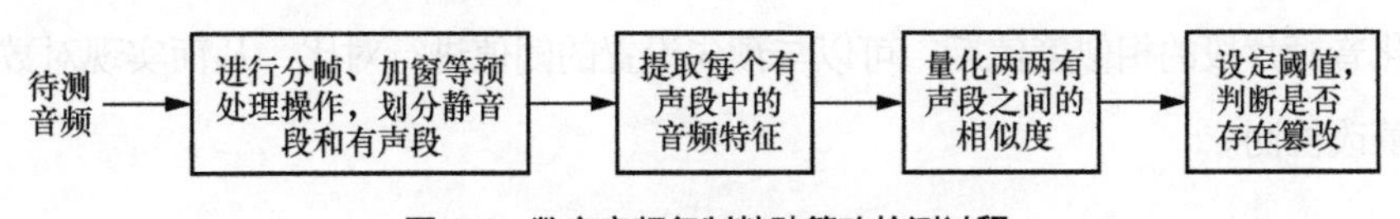

图6-4 数字音频复制粘贴篡改检测过程

6.3.1 预处理阶段

对数字音频进行预处理操作，目的是为后续的特征提取阶段和相似度量化阶段奠定基础。数字音频的预处理阶段主要被分为预处理操作和音频划分这两部分。针对待检测的音频信号，可以进行分帧、加窗、傅里叶变换或预加重等一系列预处理操作。在此基础上，对音频信号进行检测，从而划分音频中的静音段和有声段，这可以有效地去除原始数字音频中含有的静音段。最初的话音激活检测（VAD）算法为基于短时能量和过零率的双门限 VAD[12]。在此基础上，

Yan 等[13]提出了一种基于基音相似性实现音频的复制粘贴篡改检测和定位的方法（PS-PCC），采用归一化低频能量比（NLFER）方法来划分静音段和有声段。

6.3.2 特征提取阶段

特征提取是数字音频复制粘贴篡改检测的关键步骤，其直接影响着检测性能的好坏。对每个有声段进行特征提取，即可获得音频特征，如基音特征、梅尔倒谱系数特征及离散傅里叶变换系数等。例如，Mannepalli 等[14]提出了一种结合梅尔倒谱系数特征和动态时间规整（DTW）的复制粘贴篡改检测和定位（MF-DTW）方法，MF-DTW 方法首先提取每个有声段的梅尔倒谱系数特征，然后采用动态时间规整算法来计算任意两个有声段之间的相似程度，从而实现音频的复制粘贴篡改检测和定位。Xie 等[15]提出了一种多特征融合的复制粘贴篡改检测（C4.5-Tree）方法，C4.5-Tree 方法采用 C4.5 决策树对伽玛通特征、梅尔倒谱系数特征、基音特征、离散傅里叶变换系数特征的检测结果进行融合，从而实现音频的复制粘贴篡改检测。

6.3.3 相似度量化阶段

通过计算每个有声段所提取特征之间的相似度，可以判断任意两个有声段是否存在复制粘贴的音频片段。相似度的量化方法有很多，常见的主要有皮尔逊相关系数（PCC）[16]、动态时间规整[17]和均方差值（AD）[18]。

6.3.4 判决阶段

在量化音频片段的相似度值后，可以与预先设置的阈值进行对比，从而实现对数字音频的复制粘贴篡改检测。

6.4 基于多尺度自相关模块卷积神经网络的数字音频复制粘贴篡改被动检测算法

本节提出了一种数字音频复制粘贴篡改检测与篡改定位算法。与传统的检测算法相比，本节所提出的检测算法不需要对数字音频进行分段对比，有效避免了在进行音频的音节分割时出现精准度不佳的难题。同时，通过基于数据驱动的监督学习，深度学习模型能够从数字音频中提取鲁棒性更强的深度特征。即使对数字音频进行后处理操作，在获得的深度特征之间依旧存在较高的相关性。

具体而言，本节设计了一个基于多尺度自相关模块的卷积神经网络——MC-Net，用来辨识复制粘贴篡改音频，并对其中复制和粘贴的语音片段进行定位。所提算法主要包括 3 个部分，分别为对语音波形的处理、将波形信号转换为语谱图、采用 MC-Net 提取语谱图的深度特征。算法框架如图 6-5 所示。

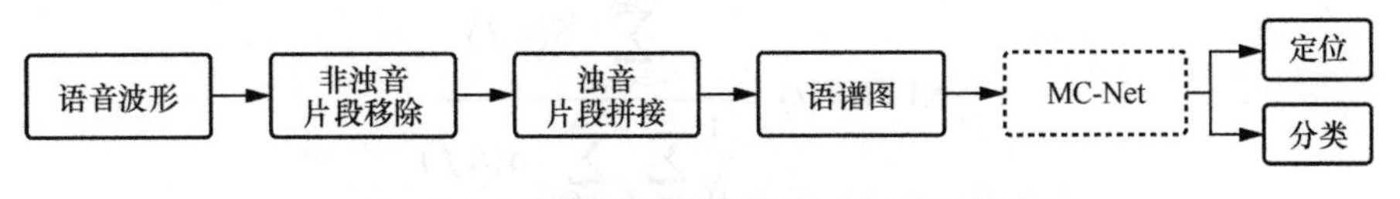

图 6-5　数字音频复制粘贴篡改检测与篡改定位算法框架

6.4.1　语音波形的处理方法

输入的语音波形可以被分为浊音片段和非浊音片段。在语音信号的处理过程中，大部分非浊音片段的区域内并不包含特定的语义，通常情况下，会对输入的语音波形中含有的非浊音片段进行移除。在此基础上，对剩余的浊音片段进行拼接形成新的语音波形。

具体而言，为了降低非浊音片段所引起的虚警，本节采用基频追踪算法[19]来对语音中的基频进行定位，然后根据基频来判断浊音片段位置，并移除非浊音片段。基频追踪算法主要分为 4 个步骤，即语音信号预处理、基于频域的基频候选值计算、基于时域的基频候选值计算、基于动态规划算法的基频选择。每个步骤的具体细节如下。

（1）语音信号预处理

采用两种非线性预处理操作对提取基频的语音信号进行预处理，分别为计算语音信号样本点采样值的绝对值和平方值。在此基础上，从时域和频域中计算两种经过非线性预处理后信号的基频候选值。在语音信号预处理过程中，采用非线性变换能够平滑语音信号的频谱，并减弱共振峰的强度，从而更准确地计算基频[20]。除此之外，在某些电话录音中，会出现录音质量较差且其频谱中的基频信息并不明显的现象。通过计算语音信号样本点采样值的平方值，可以使原始信号频谱中的基频变得更加明显。

（2）基于频域的基频候选值计算

采用频谱谐波相关（SHC，Spectral Harmonics Correlation）从平方变换后的语音信号中计算基频候选值[21]。SHC 的计算方法如式（6-1）所示。

$$\mathrm{SHC}(t,f)=\sum_{f'=-L/2}^{L/2}\prod_{r=1}^{N+1}S(t,rf+f') \tag{6-1}$$

其中，$\mathrm{SHC}(t,f)$ 是经过非线性变换后的信号在频率 f 处第 t 帧的幅度谱。L 是在频率 f 处的谱窗长度。N 是信号中谐波的总数量。同时，语音信号中每一帧的 $\mathrm{SHC}(t,f)$ 值都被归一化到 $[0,1]$

内。当频率 f 为第 t 帧信号基频的整数倍时，对应的 $\mathrm{SHC}(t,f)$ 存在最大值。借助这一性质，可以从平方变换信号的频域中计算基频的候选值。

采用归一化低频能量比（NLFER）对语音信号中的非浊音和浊音进行划分。非线性变换后的语音信号中的每一帧与整段语音信号在低频区域的平均能量之比的计算方法如式(6-2)所示。

$$\mathrm{NLFER}(t)=\frac{\sum_{f=2\times F_{0\min}}^{F_{0\max}} S(t,f)}{\frac{1}{N}\sum_{t=1}^{N}\sum_{f=2\times F_{0\min}}^{F_{0\max}} S(t,f)} \tag{6-2}$$

其中，N 是非线性变换后语音信号的总帧数。$F_{0\min}$ 和 $F_{0\max}$ 为低频区域的范围，也是预期的计算出的基频所在的范围。$S(t,f)$ 是非线性变换后的语音信号的第 t 帧在频率 f 处的频谱。通常来说，浊音帧的 NLFER 值将会更高，而非浊音帧的 NLFER 值相对更低。因此，通过选取适当的 NLFER 阈值可以从语音信号中区分出浊音帧和非浊音帧。

（3）基于时域的基频候选值计算

采用归一化互相关函数（NCCF，Normalized Cross Correlation Function）计算语音信号时域的基频，NCCF 的计算方法如式（6-3）所示。

$$\mathrm{NCCF}(k)=\frac{1}{\sqrt{e_0 e_k}}\sum_{n=0}^{L-K_{\min}} s^2(n)$$

$$e_0=\sum_{n=0}^{L-K_{\min}} s^2(n),\ e_k=\sum_{n=k}^{k+L-K_{\max}} s^2(n) \tag{6-3}$$

其中，L 是语音信号每一帧的帧长。$K_{\min}$ 和 $K_{\max}$ 是用于调节基频搜寻范围的延迟值。NCCF 通常被归一化到[−1,1]内。当语音信号为周期信号且延迟值 k 为周期的整数倍时，NCCF 数值将会达到 1。借助这一性质，可以从语音信号的时域中计算出基频的候选值。根据文献[22]，采用 NCCF 提取基频的效果比采用传统的短时自相关函数的效果更好。

（4）基于动态规划算法的基频选择

通过计算基频候选值，可以获得基频候选值矩阵（Pitch Candidate Matrix）及与之对应的基于浊音片段间距的价值矩阵（Merit Matrix）。依据转移代价函数（Transition Cost Function）和局部代价函数（Local Cost Function），可以从基频候选值矩阵和基于浊音片段间距的价值矩阵中选取最佳的基频候选值[23]。最后，采用维特比算法（Viterbi Algorithm）求解两种代价函数的最小化，从而选取最佳的基频值作为语音信号中某一浊音帧对应的基频值。

6.4.2　语谱图

语谱图能够反映语音信号不同时刻的基频和共振峰的结构。采用语谱图作为深度网络的输入，有助于模型提取鲁棒性更强的深度特征。语谱图的计算过程如下。

（1）对语音信号进行分帧

L 表示语音帧的帧长。S 表示帧移，其反映了两个连续的语音帧起始样本点位置之差。对于信号 $x[n]$，n 表示语音信号在时域上的第 n 个采样点。在汉明窗的作用下，第 i 帧（$i \in \{0,1,\cdots,L\}$）的第 n 个样本点为 $y_i[n]$，通过式（6-4）计算得到。

$$y_i[n] = w[n]x[(i-1)S+n], 0 \leqslant n \leqslant N-1 \tag{6-4}$$

其中，$w[n]$ 表示汉明窗中的第 n 个样本点，其定义如式（6-5）所示。

$$w[n] = 0.54 - 0.46\cos\frac{2\pi n}{N-1}, 0 \leqslant n \leqslant N-1 \tag{6-5}$$

（2）对每帧信号进行离散傅里叶变换

第 i 帧信号的第 k 个傅里叶变换系数为 $Y_i[k]$，通过式（6-6）得到。

$$Y_i[k] = \sum_{n=0}^{N-1} y_i[n] \cdot \mathrm{e}^{-\mathrm{j}\frac{2\pi nk}{N}}, 0 \leqslant k \leqslant N-1 \tag{6-6}$$

（3）计算对数频谱能量

第 i 帧信号的第 k 个频带的对数能量 $E_i[k]$ 的计算如式（6-7）所示。

$$E_i[k] = \log\left(\left|Y_i[k]\right|^2\right) \tag{6-7}$$

由于信号的傅里叶变换的对称性，只取前一半的对数能量谱，即 $k \in \{0,1,\cdots,\lfloor N/2 \rfloor\}$。假设 $N_1 = N/2+1$，那么每个语音信号可以得到 $L \times N_1$ 的二维语谱图作为网络的输入。

采用 MC-Net 可以提取语谱图的深度特征，且能够有效地捕捉篡改音频中复制和粘贴片段的相似性，并对篡改音频进行篡改定位。MC-Net 的网络结构如图 6-6 所示。MC-Net 主要被分为定位子网和分类子网。其中，定位子网可以提取输入语谱图的深度特征及对语音信号进行帧级别的定位判决。分类子网可以利用在定位子网中提取的深度信息来对整个语音信号的类别进行判断。

6.4.3　多尺度自相关模块卷积神经网络的定位子网

图 6-6 中间的虚线框内为 MC-Net 的定位子网的网络结构。定位子网的输入数据维度是 $L \times N_1$，输出为 $L \times 2$ 的定位判决矩阵。它由 7 个卷积模块、1 个 MC 模块（多尺度自相关模块）、1 个卷积层及 1 个 Softmax 函数组成。在前 4 个卷积模块中，卷积层都采用一维的卷积核，用于提取语音信号中每一帧内不同频带间的特征，对帧间信息不采取任何融合操作，从而尽量避免复制和粘贴片段两端所连接语音片段引入的干扰。全频带（GFB，Global Frequency Bank）平均池化层会对频率方向上的特征进行全局平均池化，从而融合同一帧内不同频率的所有特征。

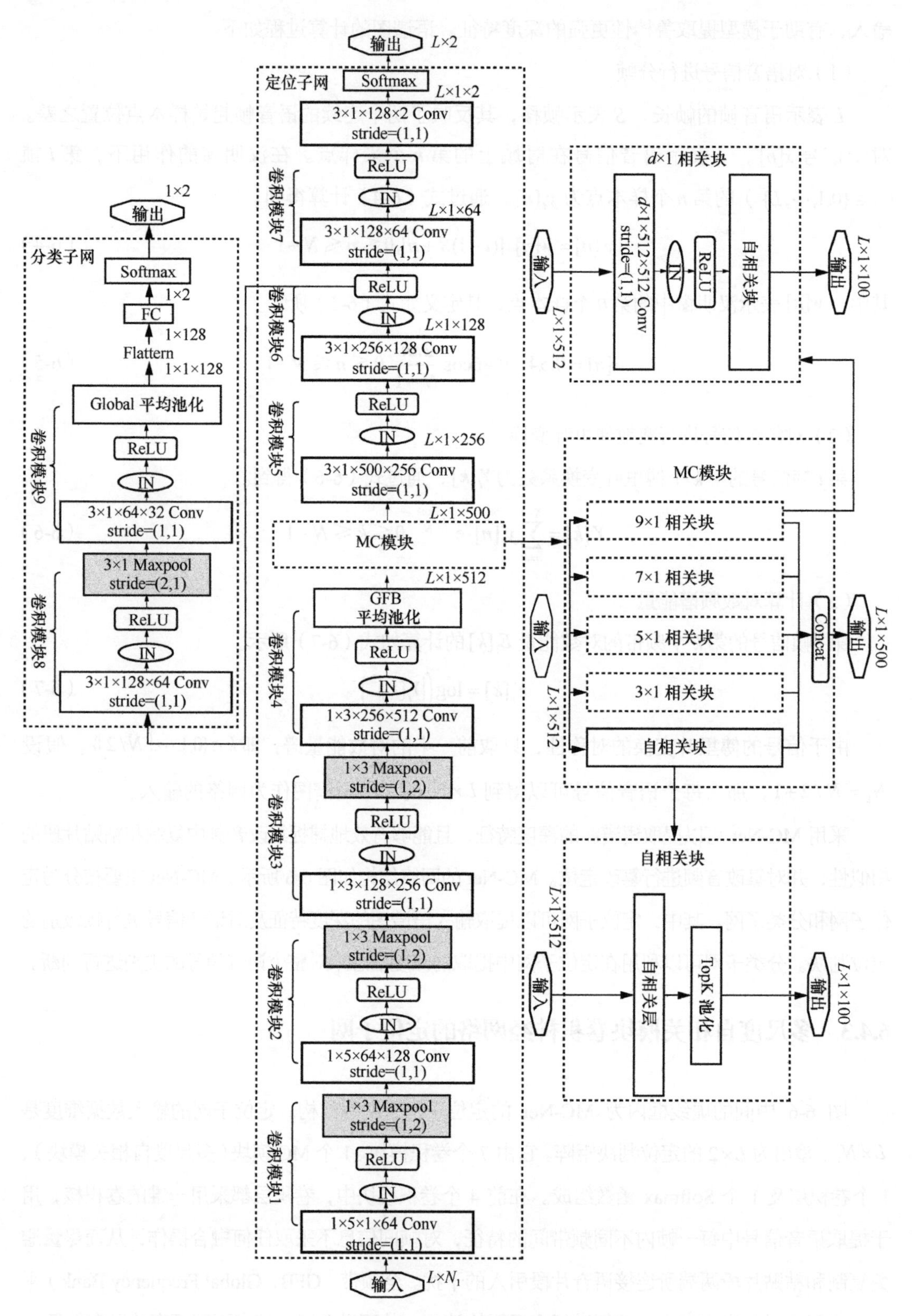

图 6-6 MC-Net 的网络结构

篡改音频的检测与篡改定位的关键在于捕捉篡改音频中复制和粘贴区域之间的相似性。MC 模块的网络结构在图 6-6 右边中部的虚线框内给出。它由 4 个 $d\times1(d\in\{3,5,7,9\})$相关块（Correlation Block）及 1 个自相关块（Self-Correlation Block）组成。在$d\times1$相关块中，对不同尺度的一维卷积融合相邻的帧之间的深度特征。在此基础上，采用多尺度的卷积步长来对语音信号相邻帧的信息进行融合，并让网络自主选择最有益的融合特征来完成后续的数据表达学习。

自相关块的网络结构在图 6-6 右边下部分虚线框中给出。每个自相关块都包含 1 个自相关层（Self-Correlation Layer）和 1 个 TopK 池化层，来捕捉每个语音帧之间的相似度。具体地，皮尔逊相关系数可以计算自相关层中各个帧之间的深度特征。$f_i[k]$为自相关层输入的第 i 帧第 k 维的数据，$f_j[k]$为自相关层输入的第 j 帧第 k 维数据。在自相关层中，首先需要对每一帧的深度特征进行标准化。其中，第 i 帧标准化后的第 k 维输出 $\tilde{f}_i[k]$如式（6-8）所示。

$$\tilde{f}_i[k]=\frac{f_i[k]-\mu[i]}{\sigma[i]} \tag{6-8}$$

其中，$\mu[i]$和$\sigma[i]$分别表示f_i各维度的均值与标准差。在此基础上，计算它们之间的皮尔逊相关系数$\rho[i][l][j]$，其计算方式如式（6-9）所示。

$$\rho[i][l][j]=\frac{\sum_{k=1}^{512}\tilde{f}_i[k]-\tilde{f}_j[k]}{512} \tag{6-9}$$

当输入数据经过自相关层后，得到$L\times1\times L$维的自相关系数矩阵。通过自相关系数矩阵，当第 i 帧与第 $j(j\neq i)$ 帧为一对复制和粘贴语音帧时，$\rho[i][l][j]$值比其余$\rho[i][l][j](l\neq i,l\neq j)$值大。所以，若第 i 帧语音信号是复制或粘贴的语音帧，那么在自相关系数矩阵的第 i 行所包含的 L 个相关系数中，会存在较多较大的系数值。

图 6-6 中，矩形框中的$d_1\times d_2\times i\times o$ Conv 表示一个卷积核为$d_1\times d_2$、输入通道为i、输出通道为o的卷积层。灰色框中的$d_3\times d_4$ Maxpool 表示一个卷积核为$d_3\times d_4$的最大池化层。

经过 MC 模块后，通过卷积模块 5、卷积模块 6 和卷积模块 7 捕捉语音帧之间的相似度差异。通过这 3 个卷积模块和 Softmax 函数来完成对每个语音帧的判决，从而对整个语音片段的帧级别进行定位预测。在复制粘贴的篡改语音中，复制和粘贴的语音帧相对较少。在训练阶段，采用加权交叉熵loss_{w_1}来训练 MC-Net 的定位子网，其表达式如式（6-10）所示。

$$\text{loss}_{w_1}=-\frac{1}{M_1}\sum_{m_1=1}^{M_1}\left(\lambda_1 y_{m_1}\log(\hat{y}_{m_1})+(1-y_{m_1})\log(1-\hat{y}_{m_1})\right) \tag{6-10}$$

其中，M_1为训练数据的总帧数，y_{m_1}为第m_1个语音帧的标签（0 是原始帧，1 是篡改帧），$\hat{y}_{m_1}$表示第m_1帧为篡改帧的概率，λ_1为训练数据中原始帧与篡改帧的数量之比。

6.4.4 多尺度自相关模块卷积神经网络的分类子网

图 6-6 左边的虚线框内为 MC-Net 的分类子网的网络结构。分类子网包含 2 个卷积模块、1 个全连接层及 1 个 Softmax 函数。在训练分类子网时，采用加权的二分类交叉熵作为损失函数 loss_{w_2}，其表达式如式（6-11）所示。

$$\text{loss}_{w_2} = -\frac{1}{M_2}\sum_{m_2=1}^{M_2}\left(\lambda_2 y_{m_2}\log(\hat{y}_{m_2}) + (1-y_{m_2})\log(1-\hat{y}_{m_2})\right) \tag{6-11}$$

其中，M_2 为训练数据的总帧数，y_{m_2} 为第 m_2 个语音帧的标签（0 为原始帧，1 为篡改帧），$\hat{y}_{m_2}$ 表示第 m_2 帧为篡改帧的概率，λ_2 为训练数据中原始帧与篡改帧的数量之比。

6.4.5 实验数据集及设置

本节验证 MC-Net 对复制粘贴篡改音频的分类和定位性能。为了更有效地验证所提出网络的性能，将工作场景限定为对同一个语音信号中的复制粘贴篡改痕迹进行检测与定位，且在每个篡改语音中仅包含一对复制粘贴篡改音频片段。

（1）数据集

这里用 TIMIT 语料库来构造复制粘贴篡改音频辨识数据集（CMSID）。TIMIT 语料库由 630 个说话人的英语语音片段组成。根据不同说话人，TIMIT 语料库被分为训练集和测试集。其中，训练集包含 462 个说话人的语音，测试集包含 168 个说话人的语音。每个说话人都包含 10 个语音片段，每个语音片段的采样频率均为 16 kHz，时长为 2～6 s。

在生成 CMSID 时，首先从 TIMIT 语料库中选出语音。然后根据 TIMIT 语料库所提供的词级别标注信息，依次复制语音中时长在 0.2～0.6 s 的词级别的语音片段，并把复制的语音片段随机粘贴到同一个语音的其余位置上（粘贴到句首、句尾或者任意两个单词之间）。对所有语音进行复制粘贴篡改后，可以获得 6300 个未经过后处理操作的原始语音和 32303 个未经过后处理操作的复制粘贴篡改音频。最后，采用 25 种后处理操作对原始语音和篡改音频进行全局后处理及局部后处理。表 6-1 为生成 CMSID 使用的后处理操作及其参数。具体地，在对原始语音和篡改音频信号进行全局后处理操作时，后处理操作将对整段语音信号进行处理；在对篡改音频进行局部后处理操作时，后处理操作仅作用于粘贴的那段词级别的语音短片段；在对原始语音进行局部后处理时，后处理操作会作用于任意一段 0.2～0.6 s 的词级别短片段。最终，在获得的 CMSID 中含有 321300 个原始语音及 1647453 个伪造语音。在对原始语音和伪造语音都进行后处理操作后，在语音中存在后处理操作遗留的痕迹。

在无特殊说明的情况下，训练集和测试集中的语音都由不同说话人所产生，训练的数据均由 TIMIT 训练集生成，而用于测试的数据由 TIMIT 测试集生成。

（2）算法实现

在实验过程中，分别将帧长 N 和帧移 S 设置为 400 和 200，采用 Tensorflow 1.6.0 版本实现 MC-Net，并使用 NVIDIA®Tesla®P100 GPU 集群服务器来训练模型。采用均值为 0、标准差为 0.01 的截断正态分布函数来初始化全连接层和卷积层，它们的初始化偏置为 0.1。在训练阶段，每个训练批量的样本数为 64，并使用 Adam 优化器，以 0.0002 的学习率来进行训练。分别对 MC-Net 的定位子网和分类子网进行 20 轮迭代训练，表 6-2 给出了 MC-Net 的参数量、FLOPs 及训练迭代时间。在每一轮训练结束后，使用验证集中的数据来对模型进行评估，并选出性能最佳的模型。最后，利用测试集对选取出来的模型进行评估。

表 6-1　生成 CMSID 使用的后处理操作及其参数

后处理类型	后处理操作	后处理参数
滤波	均值滤波	窗口大小为 3、5、7、9、15
	中值滤波	窗口大小为 3、5、7、9、15
	高斯滤波	窗口大小为 3、5、7、9、15，标准差为 4.60
加噪	粉红噪声	信噪比为 30 dB
	高斯白噪声	信噪比为 30 dB
重压缩	MP3 重压缩	压缩比特率为 32 kbit/s 及 64 kbit/s
变调	升调	升调 2 个半音阶
	降调	降调 2 个半音阶
相位编码	Phase80	强度：64.0%；深度：97.6%；调制比：0.75 Hz; 上限频率：4967 Hz；反馈：64.0% 混音：93%；输出增益：0.6 dB
	Bubble Popper	强度：100%；深度：83.8%；调制比：0.86 Hz; 上限频率：1216 Hz；反馈：–61.0% 混音：100%；输出增益：–1.0 dB
	Mega Plexzor	强度：100%；深度：86.5%；调制比：1.44 Hz; 上限频率：2265 Hz；反馈：90.0% 混音：100%；输出增益：–12.6 dB
	Magic Feather	强度：25.1%；深度：72.4%；调制比：0.77 Hz; 上限频率：13000 Hz；反馈：33.0%; 混音：50%；输出增益：0

表 6-2　MC-Net 的参数量、FLOPs 及训练迭代时间

MC-Net	参数量	FLOPs	训练迭代时间/s
定位子网	7.338×10^{6}	1.268×10^{10}	6.034×10^{4}
分类子网	3.098×10^{4}	1.352×10^{7}	8.522×10^{2}

6.4.6 实验分析

为了验证 MC-Net 的定位和分类性能，本节将对两种流行的检测方法进行对比，分别为局部二值模式（ODLBP）的检测方法和基于语音基频和共振峰相似度（SPF）的检测方法。采用真正率（TPR）、真负率（TNR）来衡量算法的性能。

（1）MC-Net 的定位性能

在实验数据集中，每种后处理操作所生成的原始语音均有 1680 个，所生成的篡改音频均有 8484 个。3 种方法针对篡改音频的篡改定位性能如表 6-3 所示。

从表 6-3 可以看出，MC-Net 对未经过后处理的篡改音频及经过任意后处理操作的篡改音频都能够取得很好的篡改定位性能。这说明了只要待测语音所经历的后处理操作与训练数据中的语音所经历的后处理操作相匹配，MC-Net 就能够有效地对该待测语音中的篡改区域进行定位。同时，可以发现，MC-Net 对各种伪造语音中篡改样本点的定位能力均远远优于现有的检测方法。

表 6-3 3 种方法针对篡改音频的篡改定位性能

场景	后处理操作类型	SPF		ODLBP		MC-Net	
		TPR	TNR	TPR	TNR	TPR	TNR
无后处理	—	0.1587	0.9037	0.0214	0.9975	0.9953	0.9910
全局后处理	粉红噪声	0.4531	0.8999	0.0876	0.9994	0.9942	0.9896
	MP3 重压缩	0.1372	0.8913	0.0000	1.0000	0.9944	0.9834
	降调	0.3667	0.8810	0.0031	0.9991	0.9950	0.9848
	Bubble Popper	0.1377	0.9784	0.0075	1.0000	0.9834	0.9847
	Magic Feather	0.0927	0.9491	0.0000	0.9982	0.9956	0.9857
	高斯滤波	0.2346	0.8388	0.0514	0.9934	0.9943	0.9911
	均值滤波	0.3154	0.8847	0.0815	0.9887	0.9946	0.9913
	中值滤波	0.3004	0.8522	0.0033	0.9983	0.9951	0.9905
局部后处理	粉红噪声	0.2356	0.9153	0.1755	0.9880	0.9953	0.9874
	MP3 重压缩	0.4347	0.9614	0.0585	0.9960	0.9921	0.9864
	降调	0.0685	0.8575	0.0000	1.0000	0.9651	0.9756
	Bubble Popper	0.1358	0.9428	0.0167	0.9954	0.9828	0.9854
	Magic Feather	0.4083	0.9332	0.0000	1.0000	0.9926	0.9860
	高斯滤波	0.2455	0.8739	0.0017	0.9982	0.9756	0.9790
	均值滤波	0.2269	0.8885	0.0000	0.9982	0.9797	0.9808
	中值滤波	0.2426	0.9019	0.0000	0.9994	0.9750	0.9735

（2）MC-Net 的分类性能

表 6-4 为 SPF、ODLBP 及 MC-Net 这 3 种检测方法对篡改音频及原始语音的分类性能。从表 6-4 可以看出，MC-Net 在对篡改音频及原始语音进行分类时，基本上能够取得超过 99%的 TPR 及 94%的 TNR。这说明在待测语音所经历的后处理操作与训练数据所经历的后处理操作相匹配时，MC-Net 能够十分有效地从原始语音中检测出篡改音频。此外，MC-Net 对篡改音频的检测性能均远远优于已有的检测方法。

表 6-4　3 种检测方法对篡改音频及原始语音的分类性能

场景	后处理操作类型	SPF		ODLBP		MC-Net	
		TPR	TNR	TPR	TNR	TPR	TNR
无后处理	—	0.4038	1.0000	0.0641	1.0000	0.9978	0.9875
全局后处理	粉红噪声	0.8046	1.0000	0.1083	1.0000	0.9952	0.9917
	MP3 重压缩	0.4007	1.0000	0.0011	1.0000	0.9978	0.9417
	降调	0.7095	1.0000	0.1051	1.0000	0.9996	0.9214
	Bubble Popper	0.3071	1.0000	0.1085	1.0000	0.9990	0.9292
	Magic Feather	0.1038	1.0000	0.0037	1.0000	0.9996	0.9083
	高斯滤波	0.5061	1.0000	0.1050	1.0000	0.9993	0.9931
	均值滤波	0.4692	1.0000	0.1313	1.0000	0.9991	0.9875
	中值滤波	0.5754	1.0000	0.0699	1.0000	0.9994	0.9931
局部后处理	粉红噪声	0.4019	1.0000	0.2009	1.0000	0.9970	0.9892
	MP3 重压缩	0.7038	1.0000	0.1051	1.0000	0.9990	0.9931
	降调	0.3055	1.0000	0.0020	1.0000	0.9695	0.9908
	Bubble Popper	0.4054	1.0000	0.1091	1.0000	0.9935	0.9923
	Magic Feather	0.6013	1.0000	0.0071	1.0000	0.9980	0.9931
	高斯滤波	0.5380	1.0000	0.0347	1.0000	0.9942	0.9918
	均值滤波	0.3680	1.0000	0.0085	1.0000	0.9963	0.9923
	中值滤波	0.4367	1.0000	0.0081	1.0000	0.9828	0.9895

6.5　数字音频篡改第三方数据库

近年来，国内和国际领域的专家和团队纷纷开发并开放了一些自主研发的篡改数据库，以供国内外学者对算法进行公开测试。具体的一些数字音频篡改数据库信息如表 6-5 所示。

表 6-5 数字音频篡改数据库信息

数据库名称	发布时间	采样频率	样本数量
TIMIT 数据库	1993 年	16 kHz	6300 条
VOiCES 数据库	2019 年	—	1440 h
LibriSpeech 数据库	2015 年	16 kHz	约 1000 h
VoxCeleb2 数据库	2018 年	16 kHz	1000000 条

TIMIT 数据库[24]是 1993 年由德州仪器（TI）、麻省理工学院（MIT）和斯坦福研究院（SRI）等单位共同努力创建的，已成为语音识别和说话人分类等领域的标准。该数据库来源于美国 8 个主要方言地区的 630 个说话人，其中每个说话人都会说出给定的 10 个句子。每个音频片段的采样频率均为 16 kHz，时长为 2～6 s，且 70%的音频片段为男声，另外 30%的音频片段为女声。该数据库主要被分为训练集和测试集，还提供了每个英文单词起始位置的标注信息。

VOiCES 数据库[25]是由斯坦福研究院和 Lab41 等多家单位共同完成的，目的是从信号处理和语音识别方面推进远场话筒音频检测的方法。该数据库是在嘈杂的房间中由远场话筒记录的音频，而背景噪声（电视、音乐或潺潺声）与从 Librispeech 数据库中选出的前景语音一起播放。整个房间中包含 12 个话筒，每个话筒均录制了 120 h 的音频。

Librispeech 数据库[26]是 2015 年由 Panayotov 等创建的，也是目前世界上最大的免费语音识别数据库之一。该数据库由训练集、开发集和测试集构成，包含文本和语音的有声读物数据集，由大约 1000 h 的多人英语演讲的清晰音频组成。通过对音频进行切割和整理，每条音频片段的时长在 10 s 左右，采样频率为 16 kHz。

VoxCeleb2 数据库[27]由牛津大学的 Zisserman 团队完成，从 YouTube 的视频中提取。选取的音频来自 6112 个名人所提供的超过 100 万条语音。该数据集的说话人主要以欧洲人为主，涉及各种不同的种族、口音、专业和语言，且男女比例较为均衡，其中男性有 690 人（占 55%），女性有 561 人（占 45%）。每个音频片段的平均时长为 8.2 s，最长的音频片段时长为 145 s，最短的音频片段时长为 4 s，且时长较短的音频片段比较多。

6.6 本章小结

复制粘贴篡改音频的检测及篡改定位是数字语音取证领域中的一个热门研究方向。篡改者对音频中某些片段进行复制，并将其粘贴到同一段或不同段音频中的其他位置上，以改变音频的原始语义。为了消除复制粘贴篡改后遗留的痕迹，篡改者会继续对音频的片段进行加噪、滤波、重压缩、重采样和相位变换等后处理操作。这让取证人员难以有效地判断数字音频的各个片段波形是否存在相似性，进而难以判断在待测音频中是否存在复制粘贴篡改片段。本章分析了现有的复制粘贴篡改音频的检测框架的不足，然后提出基于卷积神经网络的新的检测框架。该方法主要由 3 部分组成。首先，采用基频追踪算法对语音中的基频进行定位，根据基频来判断浊音片段位置，并移除非浊音片段；其次，根据拼接在一起的浊音片段提取语谱图；最后，将提取的语谱图输入设计的 MC-Net[28]，MC-Net 由定位子网及分类子网组成，其中，定位子网可以提取输入语谱图的深度特征及对语音信号进行帧级别的定位判决，分类子网可以利用在定位子网中提取的深度信息来对整个语音信号的类别进行判断，从而完成对复制粘贴篡改音频的检测及篡改定位。与现有的检测算法相比，无论是对复制粘贴篡改音频进行检测，还是对音频中的复制粘贴篡改区域进行定位，所提方法的性能都得到了较大提升。

本章习题

一、简述题

1. 试述 YAAPT 算法在语音信号预处理过程中的作用。
2. 试写出语谱图的计算过程。
3. 试设计一个检测性能度量指标，并与其他指标进行比较。

二、编程题

1. 从网上下载或自己编程实现 YAAPT 算法，并观察其在相关语音数据集上生成的语谱图。
2. 从网上下载或自己编程实现卷积神经网络，并在相关语音数据集上进行实验测试。

参考文献

[1] 何朝霞，潘平，罗辉．复制粘贴音频信号的篡改检测技术研究[J]．中国测试，2016, 42(7): 107-111.

[2] 包永强，梁瑞宇，丛韫，等．音频取证若干关键技术研究进展[J]．数据采集与处理，2016，31(2): 252-259.

[3] XIAO J N, JIA Y Z, FU E D, et al. Audio authenticity: duplicated audio segment detection in waveform audio file[J]. Journal of Shanghai Jiaotong University (Science), 2014, 19(4): 392-397.

[4] USTUBIOGLU B, KÜÇÜKUĞURLU B, ULUTAS G. Robust copy-move detection in digital audio forensics based on pitch and modified discrete cosine transform[J]. Multimedia Tools and Applications, 2022, 81(19): 27149-27185.

[5] HUANG X C, LIU Z H, LU W, et al. Fast and effective copy-move detection of digital audio based on auto segment[J]. International Journal of Digital Crime and Forensics. 2019, 11(2): 47-62.

[6] 武钦芳，吴张倩，苏兆品，等．遗传算法优化时间卷积网络的手机来源识别[J]．计算机工程与应用，

2022, 58(3): 151-158.

[7] CHRISTLEIN V, RIESS C, JORDAN J, et al. An evaluation of popular copy-move forgery detection approaches[J]. IEEE Transactions on Information Forensics and Security, 2012, 7(6): 1841-1854.

[8] LIU K, LU W, LIN C, et al. Copy move forgery detection based on keypoint and patch match[J]. Multimedia Tools and Applications, 2019, 78(22): 31387-31413.

[9] WANG F Y, LI C, TIAN L H. An algorithm of detecting audio copy-move forgery based on DCT and SVD[C]//Proceedings of 2017 IEEE 17th International Conference on Communication Technology (ICCT). Piscataway: IEEE Press, 2017: 1652-1657.

[10] IMRAN M, ALI Z, BAKHSH S T, et al. Blind detection of copy-move forgery in digital audio forensics[J]. IEEE Access, 2017, 5: 12843-12855.

[11] KÜÇÜKUĞURLU B, USTUBIOGLU B, ULUTAS G. Duplicated audio segment detection with local binary pattern[C]//Proceedings of 2020 43rd International Conference on Telecommunications and Signal Processing (TSP). Piscataway: IEEE Press, 2020: 350-353.

[12] 吕卫强, 黄荔. 基于短时能量加过零率的实时语音端点检测方法[J]. 兵工自动化, 2009, 28(9): 69-70, 73.

[13] YAN Q, YANG R, HUANG J W. Copy-move detection of audio recording with pitch similarity[C]//Proceedings of 2015 IEEE International Conference on Acoustics, Speech and Signal Processing (ICASSP). Piscataway: IEEE Press, 2015: 1782-1786.

[14] MANNEPALLI K, KRISHNA P V, KRISHNA K V, et al. Copy and move detection in audio recordings using dynamic time warping algorithm[J]. International Journal of Innovative Technology and Exploring Engineering, 2019, 9(2): 2244-2249.

[15] XIE Z Z, LU W, LIU X J, et al. Copy-move detection of digital audio based on multi-feature decision[J]. Journal of Information Security and Applications, 2018, 43: 37-46.

[16] BENESTY J, CHEN J D, HUANG Y T. On the importance of the Pearson correlation coefficient in noise reduction[J]. IEEE Transactions on Audio, Speech, and Language Processing, 2008, 16(4): 757-765.

[17] PERMANASARI Y, HARAHAP E H, ALI E P. Speech recognition using Dynamic Time Warping (DTW)[J]. Journal of Physics: Conference Series, 2019, 1366(1): 012091.

[18] WANG X Y, NIU P P, LU M Y. A robust digital audio watermarking scheme using wavelet moment invariance[J]. Journal of Systems and Software, 2011, 84(8): 1408-1421.

[19] YAN Q, YANG R, HUANG J W. Robust copy - move detection of speech recording using similarities of pitch and formant[J]. IEEE Transactions on Information Forensics and Security, 2019, 14(9): 2331-2341.

[20] TALKIN D, KLEIJN W B. A robust algorithm for pitch tracking(RAPT)[J]. Speech Coding and Synthesis, 1995, 495: 518.

[21] ZAHORIAN S A, HU H B. A spectral/temporal method for robust fundamental frequency tracking[J]. The Journal of the Acoustical Society of America, 2008, 123(6): 4559-4571.

[22] SILVA E, CARVALHO T, FERREIRA A, et al. Going deeper into copy-move forgery detection: exploring image telltales via multi-scale analysis and voting processes[J]. Journal of Visual Communication and Image Representation, 2015, 29: 16-32.

[23] WU Y, ABD-ALMAGEED W, NATARAJAN P. BusterNet: detecting copy-move image forgery with source/target localization[C]//Proceedings of Computer Vision - ECCV 2018: 15th European Conference. New York: ACM Press, 2018: 170-186.

[24] GAROFOLO J S, LAMEL L F, FISHER W M, et al. DARPA TIMIT Acoustic-Phonetic Continous Speech Corpus CD-ROM. NIST Speech Disc 1-1.1[R]. 1993.

[25] NANDWANA M K, VAN HOUT J, RICHEY C, et al. The VOiCES from a distance challenge 2019[C]//Proceedings of Interspeech 2019. ISCA: ISCA, 2019: 2438-2442.

[26] PANAYOTOV V, CHEN G G, POVEY D, et al. Librispeech: an ASR corpus based on public domain audio books[C]//Proceedings of 2015 IEEE International Conference on Acoustics, Speech and Signal Processing (ICASSP). Piscataway: IEEE Press, 2015: 5206-5210.

[27] CHUNG J S, NAGRANI A, ZISSERMAN A. VoxCeleb2: deep speaker recognition[C]//Proceedings of Interspeech 2018. ISCA: ISCA, 2018: 1086-1090.

[28] 黄远坤. 基于深度学习模型的语音取证方法研究[D]. 深圳: 深圳大学, 2022.

第 7 章 数字图像篡改被动检测的应用实践

7.1 引言

图像是日常生活中最常见的数字媒体，也是篡改者经常篡改的对象。数字图像篡改检测可以被分为主动检测和被动检测两大类。主动检测基于事先嵌入图像的附加信息（如数字水印和数字签名），根据附加信息是否被修改判断图像是否经过篡改。对于互联网上的一般图像，由于其没有嵌入额外信息或额外信息因未经授权而无从知晓，因此主动检测变得不再可行。与之相反，被动检测通过提取图像内部特征来检测图像真伪，不需要依赖附加信息，因此被动检测在现实中的应用更加广泛。

常见的数字图像篡改操作有复制粘贴、拼接和润饰等，这些篡改操作对新闻、军事、政治等领域构成了巨大威胁。其中，图像复制粘贴是一种最常见的图像篡改方式。它实现容易，并且在图像篡改中相对有效，特别是当被篡改区域和图像的其他区域之间的色温、光照条件和噪声等属性能够很好地匹配时更难被人察觉。因此，数字图像复制粘贴篡改被动检测是信息安全领域的一个重要研究问题。

本章以数字图像复制粘贴篡改为例，有针对性地对数字图像篡改被动检测的应用实践进行详细介绍。

7.2 数字图像复制粘贴篡改的被动检测方法

7.2.1 数字图像复制粘贴篡改的定义

数字图像复制粘贴篡改指将图像中某一目标内容复制后粘贴到该图像的不同位置上，根据篡改区域个数，可以被分为单区域篡改和多区域篡改。图像复制粘贴篡改利用同幅图像光照亮度一致等特点，使得篡改后的图像更加贴合现实生活中的场景。一方面，篡改者往往会对图像篡改区域进行旋转、缩放等操作使其难以被检测出来；另一方面，同幅图像中的信息有助于隐藏图像篡改痕迹。整个复制粘贴篡改过程中的复制操作、粘贴操作、旋转操作、尺度变换操作等都可以使用 Photoshop 等软件完成，篡改操作简单且成本低，因而大部分被篡改的图像经历的是此种类型的篡改。

7.2.2　数字图像复制粘贴篡改一般过程模型

数字图像复制粘贴篡改一般过程模型可以通过数学表达式简要描述，如式（7-1）所示。

$$f'(x,y)=\begin{cases} f(x,y),(x,y)\in P \\ f(x-h_1,y-w_1),(x,y)\in D_1 \\ \cdots \\ f(x-h_n,y-w_n),(x,y)\in D_n \end{cases} \tag{7-1}$$

其中，$f(x,y)$ 表示原图中的像素值，$f'(x,y)$ 表示篡改图像中的像素值。D_i 表示第 i 个篡改区域，P 表示未篡改区域，h_i 和 w_i 分别表示第 i 个篡改区域与其内容篡改来源的垂直距离和水平距离。

在实际篡改场景中，为了使图像被篡改后不会被肉眼直观识别出来，同时使图像更加符合真实场景，篡改者将一幅图像的目标区域复制出来后，会对该目标区域进行一定的几何操作，再将其粘贴到同幅图像的另外一个位置上，这种类型的复制粘贴篡改可以用数学表达式描述，如式（7-2）所示。

$$f'(x,y)=\begin{cases} f(x,y),(x,y)\in P \\ T_1\left(f(x-h_1,y-w_1)\right),(x,y)\in D_1 \\ \cdots \\ T_n\left(f(x-h_n,y-w_n)\right),(x,y)\in D_n \end{cases} \tag{7-2}$$

其中，$T_i(\cdot)$ 表示对第 i 个篡改区域进行一定的几何操作。

7.2.3　数字图像复制粘贴篡改的痕迹线索分析

根据前面章节的内容可以发现，遭受图像复制粘贴篡改攻击的图像和原图之间有一定的差异，会难以避免地留下一些痕迹。根据对其攻击过程的分析，可以将线索分为两类。一类是当篡改区域未经过几何变换时，篡改区域与其篡改来源区域必定有着相同的图像内容，如图 7-1（a）所示，若以整张图片为视角，则其必然有着相同的图像块。另一类是篡改区域经过了几何变换，虽然篡改区域与其篡改来源区域不再完全相同，但其仍然存在着相同的内容结构，如图 7-1（b）所示。若对篡改区域或篡改来源区域进行一定的几何操作，依然可以对两者进行近似匹配。

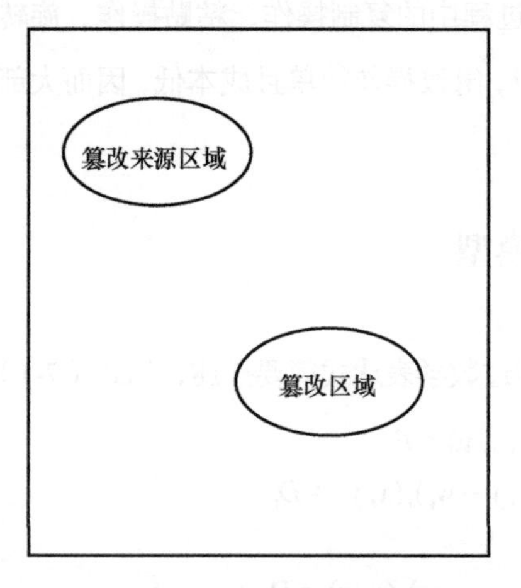

(a) 未经几何变换的图像复制粘贴篡改示意

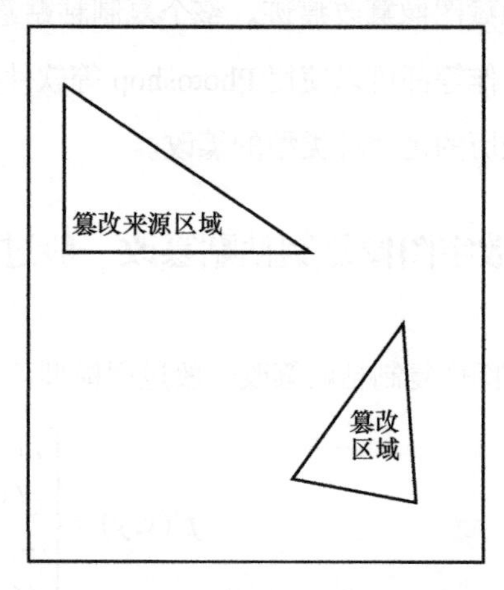

(b) 经几何变换的图像复制粘贴篡改示意

图 7-1 图像复制粘贴篡改示意

7.2.4 方法局限性分析

（1）传统算法应用的局限性：传统算法通常采用手工设计的方式提取特征，这种基于手工设计方式提取的特征大多存在局限性，缺乏代表性，无法根据这些特征同时对多种篡改方式进行判定，这也就导致了图像篡改被动检测方法仅仅具有对一种篡改技术的鉴别能力。

（2）算法泛化性和鲁棒性的局限性：目前，基于深度学习的篡改定位模型的性能严重依赖于训练数据集。对于来自不同数据集的测试样本，其性能通常下降明显。因此，需要改进网络、使用合适的网络结构来学习不同来源图像之间的内在联系，从而提高算法的泛化能力。此外，当图像经受了 JPEG 压缩或尺寸缩放等后续处理后，模型性能也会显著降低。尽管可以通过在训练数据中引入后处理来进行数据增强，但是这种方法仅仅起到缓解的作用，没有从根本上解决问题。因此，提高算法的泛化性和鲁棒性是在将算法推向实际应用的过程中必须考虑的。

（3）模型可解释性的局限性：类似于深度学习在其他领域中遇到的问题，深度学习模型可解释性弱的特点限制了它在篡改定位中的实用性与推广。在实际的图像篡改取证场合，往往需要得知模型识别篡改的具体信息。但是现有的基于深度学习的篡改定位方法无法很好地回答这一问题，这就导致人们无法给予模型足够的信任。因此，为了推动篡改定位模型在实际中的部署，在关注提高模型的篡改定位性能的同时，必须考虑如何在模型的可解释性方面产生突破。

7.3 数字图像复制粘贴篡改的被动检测过程分析

在经过复制粘贴篡改的图像中，肯定存在两个相同或相似的区域。因此，可以通过提取能够表征图像信息的特征值，然后计算特征值的相似度来确定相似区域。

如何找到有效的特征和匹配算法以定位相关的区域是主要的挑战。图像复制粘贴篡改检测的基本流程如图 7-2 所示，包括预处理、特征提取、特征匹配、误匹配过滤与后处理 5 个阶段。

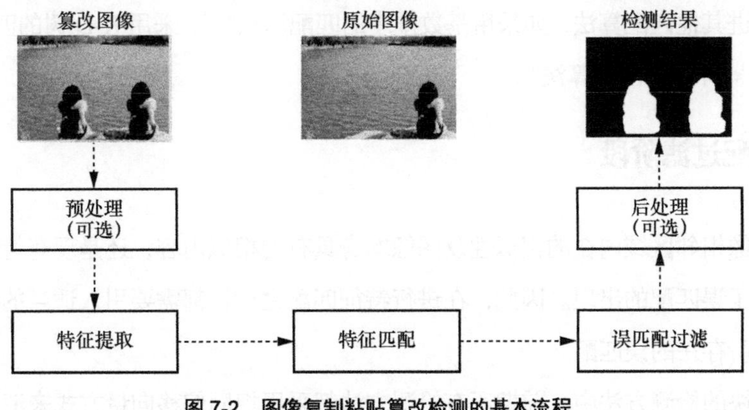

图 7-2　图像复制粘贴篡改检测的基本流程

7.3.1　预处理阶段

为了提升图像复制粘贴篡改检测的性能，部分检测方法通常会对检测图像进行适当的预处理。最常见的预处理操作是色彩空间转换，如将 RGB 图像转换成灰度图像，或转换到 YCbCr 色彩空间，或转换到 Opponent 色彩空间，或转换到 CMYK 色彩空间。其次是为了缩短检测时间而进行的预处理，如采用离散小波变换后仅重叠分割低频子带图像的检测方法[1-2]，将检测图像缩放为固定分辨率的检测方法[3]；还有一些预处理是为了提高检测方法的鲁棒性，如采用低通滤波器预处理检测图像[4]，或者对检测图像进行高斯金字塔分解[5]。

7.3.2　特征提取阶段

特征提取是图像复制粘贴篡改检测过程中的一个重要步骤。特征提取算法对图像复制粘贴篡改检测性能具有重大的影响。一方面，不同特征提取算法获得的不同维度的特征向量，直接影响运算时间的复杂度；另一方面，不同的特征向量表征图像内容的能力也有差别，对中间处理和后期处理操作抵抗能力也不同，从而直接影响检测方法的准确率和鲁棒性。常用的图像特征提取算法有离散余弦变换、不变矩、对数极坐标变换和关键点特征等。

7.3.3 特征匹配阶段

图像分块或关键点所提取的特征向量通常被保存为一个特征矩阵，特征矩阵中的一行代表一个特征向量。图像复制粘贴篡改检测方法利用特征匹配技术来获得每个特征向量在特征矩阵中对应的所有相似特征向量，以初步判断图像是否遭受复制粘贴篡改。在基于分块的检测方法中，最为常用的特征匹配算法是字典排序算法，即对特征矩阵按照字典排序的方式进行排序，使得相似的特征向量在排序后的特征矩阵中处于相邻位置。为了提高匹配阶段的运算效率，研究人员不断引进其他匹配算法，如采用基数排序的匹配算法[6-7]、采用 K-D 树的匹配算法[8]、基于 Bloom 滤波器计数的匹配算法[9]。

7.3.4 误匹配过滤阶段

无论是图像相邻区域内在的相似性及图像本身具有的相似内容，还是现有特征匹配算法本身，都避免不了误匹配的出现。因此，在进行特征匹配之后，都需要引入适当的误匹配过滤机制来尽量消除所存在的误匹配。

在基于分块的检测方法中，前期所有检测方法都采用相同偏移向量方式来消除误匹配，直到 2010 年，Christlein 等[10]提出相同仿射变换的替代方法，有效地提高了检测方法对旋转操作的鲁棒性。而针对基于关键点的检测方法而言，自从 2010 年 Pan 等[11]引入随机抽样一致性（RANSAC）算法去除误匹配后，RANSAC 算法就一直是基于关键点的检测方法中消除误匹配的最佳选择。

而为了消除图像相邻区域内在相似性的影响，图像复制粘贴篡改检测方法采用最短欧几里得距离阈值的方法，即当两个相似分块或关键点的最短欧几里得距离小于指定阈值（为 50 像素）时，则判定这两个特征向量为误匹配而直接将其删除。

7.3.5 后处理阶段

后处理操作首先进行检测区域的边缘光滑处理、孔洞填充处理和最小面积阈值处理，然后生成背景为黑色、检测区域为白色的检测结果图像。

7.4 数字图像复制粘贴篡改的被动检测算法

依据取证线索特性，大部分相关工作使用手工或者预定义特征（如 JPEG 压缩因子、相机模式噪声、边缘不连续性和局部噪声）来检测图片中的篡改区域。这些方法过于专注于一类篡改线索，其泛化性也因此受限。随着深度学习的发展，用以解决图像复制粘贴篡改检测问题的深度学习算法大量涌现，虽然这些算法增强了模型的泛化能力，但是过于复杂、繁重的预处理或后处理操作仍限制了其发展。

针对上述问题，本节介绍一种基于预测金字塔多任务网络的数字图像复制粘贴篡改的被动检测算法。该模型是一个不需要进行任何预（后）处理的端到端的多任务网络，可以同时进行多尺度块的分类和像素级篡改区域的分割。由粗到细的篡改区域定位过程可以被划分为两个阶段：第 1 个阶段，多尺度图像块的分类过程协同合作，由粗到细地定位出篡改区域边缘并为更精细的篡改区域分割提供全面的指导；第 2 个阶段，结合图像原本的语义信息，在消除块效应的同时获得像素级的篡改区域分割结果。

7.4.1　块预测模块

通常篡改操作会破坏图片的统计属性，尤其是篡改区域边缘上的图像块。虽然人类自身无法区分这些差异，但可以使用深度学习技术来表征图像的统计属性，并进一步捕捉这些差异。因此，通过构建块预测模块来学习在每个特征图中提取的图像块之间的相关性。

单张特征图的块预测过程如图 7-3 所示。首先对一张维度为 $(1,1,H,W)$ 的特征图进行 16×16 的池化操作，并对每个图像块计算 m 个统计特征，其主要包括最大值、最小值、均值和方差。经过池化后，特征图会增加一个新的维度 S，即统计值的数量 m，从四维 (B,C,H,W) 扩展到五维 (B,C,S,H,W)。然后，特征图会经过一种像素正则化（Pixel Norm）方法的约束。像素正则化是通过共享通道轴 C 和统计轴 S 的数值使块预测模块能够学习到一个普适的篡改块的分类标准。最后，经过一次卷积和激活会得到一张对应尺度篡改块的块预测掩模。

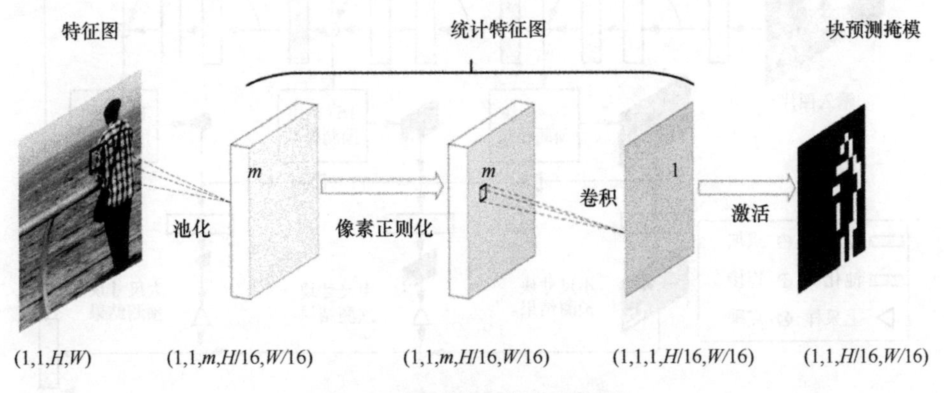

图 7-3　单张特征图的块预测过程

7.4.2 检测框架

根据篡改图像检测的思路，如果图像的尺寸足够小，就可以定位出篡改区域的边缘。基于此，下面介绍一种基于预测金字塔多任务网络的数字图像复制粘贴篡改检测模型。

7.4.3 算法步骤

预测金字塔多任务网络模型的整体框架如图 7-4 所示。首先，通过 3 个卷积残差块对输入图像进行滤波。为了降低计算成本，在每个残差块后添加池化层以降低数据维度。同时，利用 short-cut 连接，加强浅层网络和深层网络之间的联系，以利于后续语义信息的融合。然后，残差块输出的特征图将会被传入相应的块预测模块中进行多尺度篡改块的检测。虽然块预测模块中所提取块的尺寸为预设置的 16×16，但是特征图在传入预测模块时经历了不同次数的下采样操作，所以 16×16 提取块实际映射到原图中所对应的图像块尺寸分别为 16×16、32×32 和 64×64。相比大尺寸块，小尺寸块包含更少的信息，更加难以检测，所以利用大尺寸块的检测结果来指导小尺寸块的分类。不同尺寸的块预测掩模形成了块预测金字塔，为后续的像素集分割提供了全面的位置信息。最后，预测金字塔将会经过一系列的卷积和上采样操作。此外，为了消除预测结果中的块效应，获得更加精细的分割结果，在上采样的过程中融合了图像的语义信息。

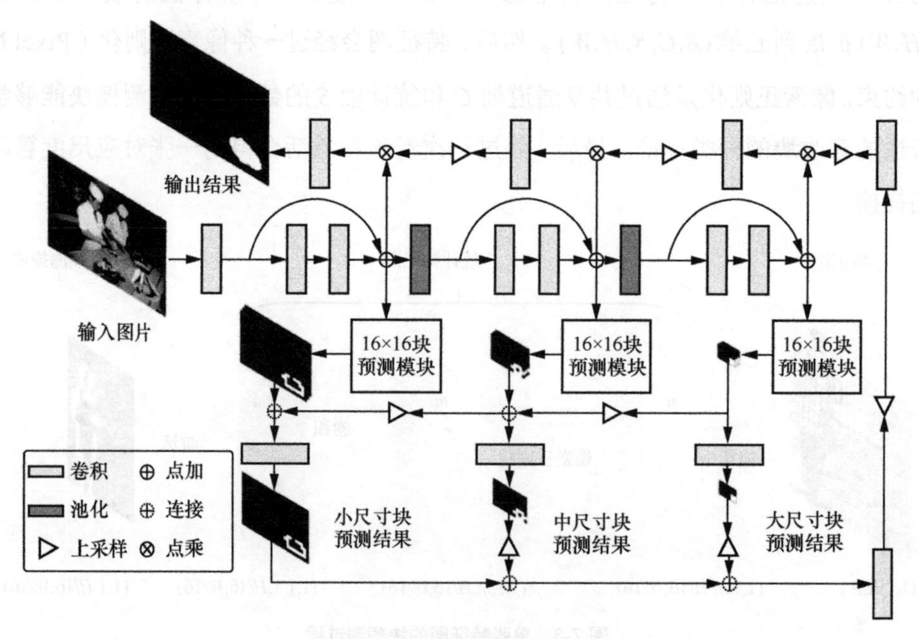

图 7-4 预测金字塔多任务网络模型的整体框架

7.4.4　实验与分析

为了评估模型的复制粘贴伪造区域的定位性能，本节选择将 F1-score 作为评价指标，以评价上述算法的性能，F1-score 的定义如式（7-3）所示。

$$\text{F1-score} = 2 \times \frac{\text{Precision} \times \text{Recall}}{\text{Precision} + \text{Recall}} \tag{7-3}$$

其中，准确率（Precision）表示被检测出的篡改像素集合中真实篡改像素所占的比例，召回率（Recall）表示真实像素中被预测正确的比例。准确率和召回率的定义如式（7-4）和式（7-5）所示。

$$\text{Precision} = \frac{\text{TP}}{\text{TP} + \text{FP}} \tag{7-4}$$

$$\text{Recall} = \frac{\text{TP}}{\text{TP} + \text{FN}} \tag{7-5}$$

其中，TP 表示篡改像素被判断正确的个数，FP 表示原始像素被判断错误的个数，FN 表示篡改像素被判断错误的个数，F1-score 可以综合考虑准确率和召回率，数值越高说明算法性能越好。

在现实生活中，篡改图像往往会经过各种后处理操作来掩盖篡改痕迹，所以检测算法对各种攻击的鲁棒性显得尤为重要。为了评估模型的鲁棒性，在 CASIA 2.0 数据集上测试了 4 种常见的攻击方式，包括 JPEG 压缩攻击（质量因子分别为 100、85、70，质量因子越大，压缩比越大，而图像质量越低），高斯模糊攻击（模糊核大小分别为 3、5、7，模糊核越大，图像质量越低），高斯噪声攻击（方差分别为 3、5、7，方差越大，高斯噪声攻击越强）和缩放攻击（缩放因子分别为 0.75、0.5，缩放因子越小，缩放程度越高）。模型在 CASIA 2.0 数据集上的鲁棒性评测（F1-score 评测）结果如表 7-1 所示，所提模型的性能会随着 JPEG 压缩和缩放攻击强度的提升呈线性下降趋势，但对于高斯模糊和高斯噪声攻击几乎可以免疫。对于缩放攻击而言，图像尺寸的缩小导致了可获取信息量的降低，这对于训练依靠数据驱动的神经网络极为不利。JPEG 压缩攻击等同于为图像添加了噪声，相比高斯噪声这类全局噪声，JPEG 噪声更聚集于前景物体周围。局部噪声对于图像块统计属性的影响远大于全局噪声，也因此导致篡改块的检测率下降，进一步影响模型的整体性能。

表 7-1　模型在 CASIA 2.0 数据集上的鲁棒性评测结果

攻击方式	原始检测性能（F1-score）	F1 场景设置/检测性能（F1-score）		
JPEG 压缩	0.770	质量因子=100	质量因子=85	质量因子=70
		0.722	0.658	0.559

续表

攻击方式	原始检测性能（F1-score）	F1 场景设置/检测性能（F1-score）		
高斯模糊	0.770	模糊核大小=3	模糊核大小=5	模糊核大小=7
		0.764	0.747	0.741
高斯噪声	0.770	方差=3	方差=5	方差=7
		0.731	0.680	0.681
缩放	0.770	缩放因子=0.75	缩放因子=0.5	
		0.681	0.617	

总之，该模型存在一定的局限性，具体如下。

（1）模型对图像的统计特性非常敏感，并利用统计特性的差异来定位图像篡改区域。如果伪造图像完全是由计算机生成的，那么图像中每个区域的统计属性将保持不变，从而导致所提模型失效。

（2）局部噪声也会使模型失效，并误导模型定位错误的区域，如 JPEG 压缩攻击。

（3）对抗攻击也可以破坏模型，因为只要对抗攻击故意改变未篡改区域的局部统计属性，模型就会被欺骗。

7.5 数字图像篡改第三方数据库

数据在篡改检测中发挥着至关重要的作用，然而构建出适用于篡改定位任务的图像数据集并非易事。原因在于，被篡改的图像要能客观反映实际的情形，这就要求在进行图像篡改时应扭曲其语义，但是篡改后的图像不应含有明显的视觉异常痕迹。同时，为了辅助分类器的训练，需要为每张篡改图像提供相应的像素级标签。因此，无法直接使用网络中的篡改图像，因为它们不具有像素级的标签。综上而言，需要在人工干预的情况下构造篡改图像数据集。数字图像篡改定位中常用的数据集如表 7-2 所示[12]。

表 7-2　数字图像篡改定位中常用的数据集

名称	发布时间	图像数量（真/假）	篡改方式
Columbia gray[13]	2004 年	933/912	拼接
Columbia color[14]	2006 年	183/180	拼接
CASIA v1[15]	2013 年	800/921	拼接、复制粘贴
CASIA v2[15]	2013 年	7200/5123	拼接、复制粘贴
IEEE IFS-TC[16]	2014 年	1050/1150	拼接、复制粘贴

续表

名称	发布时间	图像数量（真/假）	篡改方式
DSO-1[17]	2013 年	100/100	拼接
CoMoFoD[18]	2013 年	260/260	复制粘贴
COVERAGE[19]	2016 年	100/100	复制粘贴
Wild Web[20]	2015 年	90/9657	真实案例
RFD-Korus[21]	2016 年	220/220	拼接、复制粘贴
NIST NC 16[22]	2016 年	560/564	拼接、复制粘贴、移除
NIST NC 17[22]	2017 年	2667/1410	多种操作
MFC 18[22]	2018 年	14156/3265	多种操作
MFC 19[23]	2019 年	10279/5750	多种操作
DEFACTO[24]	2019 年	–/229000	多种操作
FantasticReality[25]	2019 年	16592/19423	拼接
IMD 2020[26]	2020 年	37010/37010	多种操作

哥伦比亚大学的研究团队在 2004 年发布了第一个公开篡改图像数据集 Columbia gray[13]。该数据集有 1845 张大小为 128×128 的灰度图像，其中包含 933 张真实图像、912 张拼接篡改图像。随后，该团队发布了 Columbia color 数据集[14]，其中包含 183 张真实图像和 180 张拼接篡改图像。这些图像都是彩色图像，且尺寸不完全相同。这两个图像数据集都采用了随机拼接的办法来得到篡改图像，并且篡改区域没有经过任何后处理操作。因此，篡改图像具有明显的视觉异常，达不到真实篡改图像的要求。

在图像篡改定位的任务中，中国科学院自动化研究所发布的 CASIA 数据集[15]被广泛使用。CASIA 数据集包括 v1 和 v2 两个版本，后者图像数量更多且包含不同格式的图像。CASIA v1 中图像的篡改区域没有经过后处理操作，存在肉眼可见的异常痕迹；CASIA v2 中的图像在进行拼接或复制粘贴后，图像篡改区域会经过适当的后处理操作，看起来更加自然。

IEEE 信息取证与安全技术委员会（IEEE IFS-TC）在图像取证竞赛中也发布了一个篡改图像数据集 IEEE IFS-TC[16]，其中包含 1050 张真实图像和 1150 张篡改图像。人工篡改图像主要使用拼接、复制粘贴等篡改操作，且应用了适当的后处理操作，大部分图像的篡改效果较好。Carvalho 等[17]在以上数据集中挑选部分篡改效果逼真的拼接图像构成了 DSO-1 数据集（也被称为 Carvalho 数据集），其中包含 100 张真实图像和 100 张拼接图像。

复制粘贴是一种典型的篡改操作，因此出现了很多专门为复制粘贴检测构造的数据集。其中一个常用的数据集是 Tralic 等[18]公开的 CoMoFoD 数据集，其中真假图像各有 260 张，其中包括 200 张低分辨率图像（512×512）和 60 张高分辨率图像（3000×2000）。为更好地评估复制粘贴检测算法的鲁棒性，数据集作者在对这些图像进行复制粘贴操作时，还伴随使用了旋转、缩放、加噪、模糊、压缩等处理。另一常用的复制粘贴数据集是 COVERAGE 数据集[19]。该数据集除了包括常规的复制粘贴操作和相应的多种后处理外，还引入“相似但真实的物体”（Similar but Genuine Object），这为复制粘贴篡改检测带来了新的挑战。

为了给图像篡改定位提供更实际的数据，Zampoglou 等[20]从网络上收集一系列真实的图像篡改案例构成了 Wild Web 数据集。该数据集包含 90 个实际图像篡改案例，在每个案例中有若干个不同版本的篡改图像。通过对比属于同一案例的图像，数据集作者给出了标记篡改区域的像素级标签。Korus 等[21]也通过使用 4 台不同的相机创建了一个包含 220 组原始图像和篡改图像的 RFD-Korus 数据集。除了像素级标签外，作者在该数据集中加入了图像的模式噪声信息，这有助于设计基于相机模式噪声的篡改取证方法。

从 2016 年起，美国国家标准与技术研究院（NIST）发布了一系列篡改图像数据集[22]。首个数据集 NIST NC 16 包含 564 张篡改图像，其中包括内容相同的篡改图像的不同版本，即篡改区域的边界经过或不经过后处理操作，图像被不同的 JPEG 质量因子进行 JPEG 压缩。在后续的数据集 NIST NC 17、MFC 18、MFC 19[23]中，图像的数量显著增加，并且图像的分辨率、格式、涵盖的篡改操作更加丰富多样，这为图像篡改定位方法提供了更具挑战性的评测数据。

深度学习对数据量的依赖性促使人们构造容量更大的篡改图像数据集。Mahfoudi 等[24]构造了 DEFACTO 数据集。该数据集包含超过 22 万张篡改图像，包含拼接、复制粘贴、物体移除、人脸变形等多种方式的图像篡改操作。Kniaz 等[25]构造了 FantasticReality 数据集，其中包含 16000 多张真实图像和 19000 多张篡改图像。该数据集的篡改图像都是拼接得到的，其中约一半数量的图像是没有经过细致修改、包含明显篡改痕迹的“粗糙”样本；而另一半图像则经过人为润饰，肉眼不易发现其异常。Novozámský 等[26]构建了 IMD 2020 数据集，其中包含由 2322 台不同相机拍摄的 35000 张原始图像，以及 35000 张经拼接、复制粘贴、修复、形变等多种操作得到的篡改图像。此外，该数据集还含有 2010 张从网络中收集的篡改图像及与它们相对应的真实图像。

7.6 本章小结

本章主要介绍了针对图像篡改被动检测的一种常见检测方法，即图像复制粘贴篡改检测。首先，本章介绍了图像复制粘贴攻击的基本原理，图像复制粘贴攻击指的是将图像中某一目标内容复制后粘贴到该图像的不同位置上，利用同幅图像光照亮度一致等特点，使得篡改后的图像更加贴合现实生活中的场景，人几乎无法察觉图片经过篡改。同时将图像复制粘贴篡改的被动检测方法分成 5 个阶段，即预处理阶段、特征提取阶段、特征匹配阶段、误匹配过滤阶段、后处理阶段。然后，本章使用预测金字塔多任务网络模型实现图像复制粘贴篡改检测取证。最后，本章总结了篡改检测方法的局限性、第三方数据库、评价指标。

深度学习技术的持续发展，给图像篡改定位带来了大量的挑战和机遇。无论是传统方法还是基于深度学习的方法，都需要通过提升算法的性能来对比不断更新升级的图像篡改技术，在与图像篡改伪造斗争的漫漫长路中继续探索。

本章习题

一、简答题

1. 图像复制粘贴篡改的定义是什么？

2. 图像复制粘贴篡改的基本流程包括哪几个阶段？

3. 在图像复制粘贴篡改检测中有哪些常见的特征提取方法？

4. 块预测模块的作用是什么？

5. 基于预测金字塔多任务网络的数字图像复制粘贴篡改的被动取证检测算法有哪些局限性？

二、编程题

1. 编程实现图像离散小波变换。

2. 编程实现基于预测金字塔多任务网络的图像复制粘贴篡改检测模型的网络架构，并结合其局限性提出改进方式。

3. 用离散余弦变换编程实现特征提取，并提出改进方式。

参考文献

[1] FRIDRICH A J, SOUKAL B D, LUKÁŠ A J. Detection of copy-move forgery in digital images[C]//Proceedings of Digital Forensic Research Workshop. [S.l.:s.n.], 2003: 55-61.

[2] KASHYAP A, JOSHI S D. Detection of copy-move forgery using wavelet decomposition[C]//Proceedings of 2013 International Conference on Signal Processing and Communication (ICSC). Piscataway: IEEE Press, 2013: 396-400.

[3] SHABANIAN H, MASHHADI F. A new approach for detecting copy-move forgery in digital images[C]//Proceedings of 2017 IEEE Western New York Image and Signal Processing Workshop (WNYISPW). Piscataway: IEEE Press, 2017: 1-6.

[4] LI L D, LI S S, ZHU H C, et al. An efficient scheme for detecting copy-move forged images by local binary

patterns[J]. Journal of Information Hiding and Multimedia Signal Processing, 2013, 4(1): 46-56.

[5] LIU Y, HUANG M S, LIN B G. Robust evidence detection of copy-rotate-move forgery in image based on singular value decomposition[C]//Proceedings of the International Conference on Information and Communications Security. Heidelberg: Springer, 2012: 357-364.

[6] LIN H J, WANG C W, KAO Y T. Fast copy-move forgery detection[J]. WSEAS Transactions on Signal Processing, 2009, 5(5): 188-197.

[7] ZIMBA M, XINGMING S. Detection of image duplicated regions affected by rotation, scaling and[J]. International Journal of Digital Content Technology and Its Applications, 2011, 5(11): 143-150.

[8] DAVARZANI R, YAGHMAIE K, MOZAFFARI S, et al. Copy-move forgery detection using multiresolution local binary patterns[J]. Forensic Science International, 2013, 231(1/2/3): 61-72.

[9] BAYRAM S, TAHA SENCAR H, MEMON N. An efficient and robust method for detecting copy-move forgery[C]//Proceedings of 2009 IEEE International Conference on Acoustics, Speech and Signal Processing. Piscataway: IEEE Press, 2009: 1053-1056.

[10] CHRISTLEIN V, RIESS C, ANGELOPOULOU E. On rotation invariance in copy-move forgery detection[C]//Proceedings of 2010 IEEE International Workshop on Information Forensics and Security. Piscataway: IEEE Press, 2010: 1-6.

[11] PAN X Y, LYU S W. Detecting image region duplication using SIFT features[C]//Proceedings of 2010 IEEE International Conference on Acoustics, Speech and Signal Processing. Piscataway: IEEE Press, 2010: 1706-1709.

[12] 李昊东，庄培裕，李斌. 基于深度学习的数字图像篡改定位方法综述[J]. 信号处理，2021，37(12): 2278-2301.

[13] NG T, CHANG S F. A data set of authentic and spliced image blocks[R]. 2004.

[14] HSU Y F, CHANG S F. Detecting image splicing using geometry invariants and camera characteristics consistency[C]//Proceedings of 2006 IEEE International Conference on Multimedia and Expo. Piscataway: IEEE Press, 2006: 549-552.

[15] DONG J, WANG W, TAN T N. CASIA image tampering detection evaluation database[C]//Proceedings of 2013 IEEE China Summit and International Conference on Signal and Information Processing. Piscataway: IEEE Press, 2013: 422-426.

[16] IEEE IFS-TC Image forensics challenge dataset[EB]. 2014.

[17] DE CARVALHO T J, RIESS C, ANGELOPOULOU E, et al. Exposing digital image forgeries by illumination color classification[J]. IEEE Transactions on Information Forensics and Security, 2013, 8(7): 1182-1194.

[18] TRALIC D, ZUPANCIC I, GRGIC S, et al. CoMoFoD—new database for copy-move forgery detection[C]//Proceedings ELMAR. Piscataway: IEEE Press, 2013: 49-54.

[19] WEN B H, ZHU Y, SUBRAMANIAN R, et al. COVERAGE—a novel database for copy-move forgery detection[C]//Proceedings of 2016 IEEE International Conference on Image Processing (ICIP). Piscataway: IEEE Press, 2016: 161-165.

[20] ZAMPOGLOU M, PAPADOPOULOS S, KOMPATSIARIS Y. Detecting image splicing in the wild (WEB)[C]//Proceedings of 2015 IEEE International Conference on Multimedia & Expo Workshops (ICMEW). Piscataway: IEEE Press, 2015: 1-6.

[21] KORUS P, HUANG J W. Evaluation of random field models in multi-modal unsupervised tampering localization[C]//Proceedings of 2016 IEEE International Workshop on Information Forensics and Security (WIFS). Piscataway: IEEE Press, 2016: 1-6.

[22] GUAN H Y, KOZAK M, ROBERTSON E, et al. MFC datasets: large-scale benchmark datasets for media forensic challenge evaluation[C]//Proceedings of 2019 IEEE Winter Applications of Computer Vision Workshops (WACVW). Piscataway: IEEE Press, 2019: 63-72.

[23] Information Technology Laboratory. Media forensics challenge[EB]. 2019.

[24] MAHFOUDI G, TAJINI B, RETRAINT F, et al. DEFACTO: image and face manipulation dataset[C]//Proceedings of 2019 27th European Signal Processing Conference (EUSIPCO). Piscataway: IEEE Press, 2019: 1-5.

[25] KNIAZ V, KNYAZ V, REMONDINO F. The point where reality meets fantasy: mixed adversarial generators for image splice detection[C]//Proceedings of the 33rd International Conference on Neural Information Processing Systems. New York: Curran Associates, 2019: 215-226.

[26] NOVOZÁMSKÝ A, MAHDIAN B, SAIC S. IMD2020: a large-scale annotated dataset tailored for detecting manipulated images[C]//Proceedings of 2020 IEEE Winter Applications of Computer Vision Workshops (WACVW). Piscataway: IEEE Press, 2020: 71-80.

第 8 章 数字视频篡改被动检测的应用实践

8.1 引言

数字视频篡改被动检测技术可以被分为主动检测技术与被动检测技术。主动检测指在视频分发出去之前在视频内容中添加额外的验证信息。被动检测不需要预先嵌入额外的验证信息，仅分析视频自身的编码特性以判断视频的原始性和真实性。数字视频重编码痕迹检测领域方兴未艾，大多数的篡改数字视频可通过重编码痕迹特征来检测。只要经历过二次重编码，无论编码器是否相同，视频文件都会留下细微的重编码痕迹。针对数字视频篡改的重编码痕迹检测问题，科研人员展开了深度研究，并取得了丰硕的成果。本章基于重编码的相关理论基础进行基于高效视频编码（HEVC）的被动检测算法实践。

8.2 数字视频重编码的被动检测方法

8.2.1 视频重编码的定义

2003 年 Lukas 等[1]最早提出了图像重压缩的定义，指编辑后的数字图像必然要进行第二次编码压缩，以能够传播显示。相应地，视频重编码的定义为篡改者将视频解帧，在篡改数据内容后，必然需要再一次对数据进行编码，即篡改视频不可避免地被重编码。鉴于重压缩的本质是重编码，本书统一采用重编码的术语。

8.2.2 视频重编码的一般过程模型

对原始视频进行有损压缩会造成不可逆的信息损失。这种信息损失会在视频信号中留下特定的痕迹，这里使用 $\mathcal{V}_0$ 表示从未经历有损压缩的原始视频信号，使用 $\mathcal{C}(\cdot)$ 表示对视频文件进行的一次编码过程。在刑侦调查和司法取证等应用中，从嫌疑人及相关人员处获取的视频文件是一类重要的电子证据。然而，在技术人员获取相关视频文件之前，采集设备记录的原始视频 $\mathcal{C}_1(\mathcal{V}_0)$ 可能经历了多次视频编解码操作。记第 $k(0<k\leqslant\mathcal{K})$ 次编码过程为 $\mathcal{C}_k(\cdot)$，记第 k 次解码过程为 $\mathcal{D}_k(\cdot)$，并记在第 k 次解码过程与第 $k+1$ 次编码过程之间对视频内容进行的修改操作为 $\mathcal{T}_k(\cdot)$。基于此，对于原始视频信号 $\mathcal{V}_0$，则其经历的重编码过程可以用式（8-1）表示。

$$\mathcal{F}(\mathcal{V}_0)=\mathcal{C}_k\left(\mathcal{T}_{k-1}\left(\mathcal{D}_{k-1}\left(\mathcal{C}_{k-1}\left(\cdots\left(\mathcal{T}_1\left(\mathcal{D}_1\left(\mathcal{C}_1(\mathcal{V}_0)\right)\right)\right)\cdots\right)\right)\right)\right) \tag{8-1}$$

按照操作者的目的可将重编码过程分为以下两类。

（1）保持内容语义的重编码过程

例如，在将原始视频文件上传到视频分享网站的过程中，后台服务器往往会根据网络带宽、接收方解码器类型等因素，对原始视频进行重编码。此类重编码操作的目的在于调整原始视频的数据大小和存储格式，以适应不同网络传输环境的要求，并不会改变视频内容语义。这种情况下，编码次数 $\mathcal{K}$ 的取值可能大于 2。但 $\mathcal{T}_k(\cdot)$ 为恒等函数，即 $\mathcal{T}_k(x)=x$。

（2）篡改内容语义的重编码过程（重编码攻击）

例如，在司法取证中，数字视频可作为重要的电子证据协助检查机构分析案情。为了逃避警方调查，罪犯借助视频编辑软件对原始视频内容进行篡改。在这种情况下，篡改者需要先将视频解码，然后对视频帧序列进行篡改操作，再对篡改后的帧序列进行重编码得到篡改视频文件。故编码次数 $\mathcal{K}$ 的取值通常等于 2。此时，$\mathcal{T}_k(x)\neq x$，重编码痕迹具有十分复杂的特性。

综上，重编码视频检测即判断待测视频文件 $\mathcal{V}$ 是否经历过重编码的过程，即根据重编码痕迹对原始视频和重编码视频进行分类。更进一步，还可以判断视频经历的编码次数 $\mathcal{K}$ 及每次编码过程 $\mathcal{C}_k(\cdot)$ 采用的编码器类型和编码参数。

8.2.3　视频重编码攻击的痕迹线索分析

视频编码历史分析是视频被动检测技术的重要研究问题之一。例如，嫌疑人声称视频数据是直接从采集设备获得的，但如果通过视频编码历史分析发现该视频经历过重编码，那么司法机构就有理由怀疑该视频数据的真实性和完整性，并采取进一步的取证分析。与数字图像编码不同，数字视频编码会使用大量参数对编码效率和编码质量进行控制。在视频编码过程中，图像组（GOP，Group of Picture）常用作时域编码的基本单元。在每个 GOP 中，第一个视频帧为帧内编码帧（I 帧，Intra- frame），其余视频帧则为帧间编码帧，包括帧间预测编码帧（P 帧，Predicted-frame）和双向预测编码帧（B 帧，Bidirectional-frame）。与数字图像空间域像素的上采样和下采样类似，视频编码允许时间域的上采样和下采样操作。对输入视频进行时间域的上采样或下采样会导致其帧率发生改变。此外，不同编码标准之间也存在巨大差异，例如，H.264编码标准的帧内预测技术允许帧内宏块（I-MB，Intra Macro Block）在像素域计算帧内预测残差，对残差信号进行变换编码以进一步提升编码效率，而MPEG-4标准则不支持。如图8-1所示，按照视频编码参数在重编码过程中不同的设置情况，可以从以下几方面探索分析视频重编码攻击的痕迹线索。

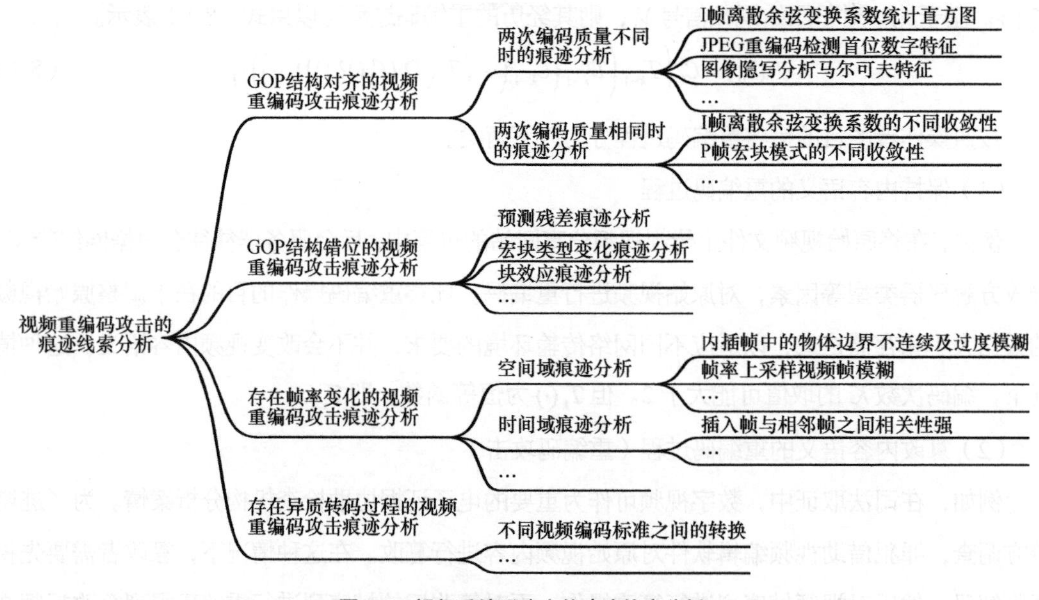

图8-1 视频重编码攻击的痕迹线索分析

（1）GOP结构对齐的视频重编码攻击痕迹分析。当原始视频和重编码视频采用相同GOP结构进行压缩时，视频帧的编码类型将保持不变。在该情况下，经历两次帧内编码的I帧与JPEG双压缩图像具有类似的性质。根据第一次编码质量（Q_1）和第二次编码质量（Q_2）是否相同，可以再分为两类，如表8-1所示。

表8-1 GOP结构对齐的视频重编码攻击痕迹分析

检测角度	检测方法
$Q_1 \neq Q_2$ 时的痕迹分析	I帧离散余弦变换系数的统计直方图，在JPEG重编码检测领域中广泛使用的首位数字特征，在图像隐写分析中广泛使用的马尔可夫特征
$Q_1 = Q_2$ 时的痕迹分析	单次编码和双次编码视频I帧离散余弦变换系数的不同收敛性，P帧的宏块模式在多次重编码后的不同收敛性

（2）GOP结构错位的视频重编码攻击痕迹分析。当重编码视频与原始视频采用不同的GOP结构编码或者GOP结构发生错位时，部分原始I帧在第二次编码时被重编码为P帧（重定位I帧）。因此，采用固定GOP结构进行编码的原始视频，在重编码后具有周期性出现的重定位I帧。如表8-2所示，此时可检测的重编码痕迹有预测残差痕迹、宏块类型变化痕迹、块效应痕迹等。

表 8-2　GOP 结构错位的视频重编码攻击痕迹分析

检测角度	检测依据
预测残差痕迹分析	原始视频中，I 帧与其前一帧位于不同的 GOP 单元内，相关性较弱。在 GOP 结构错位的重编码过程中，原始 I 帧以其前一帧为参考帧进行运动补偿，会使得预测残差明显增大。当此类异常帧周期性出现时，平均预测残差强度将会具有周期性的峰值
宏块类型变化痕迹分析	在重定位 I 帧中，宏块类型的统计特性与非重定位 I 帧不同，如在重定位 I 帧中，I 宏块所占比例往往比相邻帧更大[2]。因此，重编码会引起宏块类型的统计特性异常
块效应痕迹分析	删除部分帧之后，块效应强度的变化规律会发生改变[3-4]

（3）存在帧率变化的视频重编码攻击痕迹分析。在实际视频重编码过程中，会出现帧率发生改变的情况。帧率改变（上采样或下采样）会导致视频帧经历内插或丢弃操作，从而改变原始视频的总帧数。帧率上采样检测算法一般包含以下步骤，首先提取每帧的上采样痕迹度量值，然后构成输入视频的度量值序列，最后对度量值序列进行周期性分析并得到最终检测结果。如表 8-3 所示，将存在帧率变化的重编码视频检测算法分为基于空间域信息和基于时间域信息两类检测算法。基于空间域信息的检测算法在计算度量值的过程中仅利用当前帧信息，而基于时间域信息的检测算法在计算度量值的过程中则需要同时利用当前帧信息和其相邻帧信息。

表 8-3　存在帧率变化的视频重编码攻击痕迹分析

检测角度	检测依据
空间域痕迹分析	内插帧中的物体边界往往存在不连续及过度模糊的现象[5]，通过帧率上采样算法生成的视频帧具有模糊现象[6]
时间域痕迹分析	现有的帧率上采样方式主要可以被分为 3 类（帧复制、线性帧插法及基于运动补偿的帧插法），使用不同算法得到的内插帧具有不同的特性。通常插入帧与其相邻帧之间具有很强的相关性，分析该线索可以实现重编码检测[7]

（4）存在异质转码过程的视频重编码攻击痕迹分析。早期的视频转码技术主要用于将原始视频按照目标网络的带宽进行适当的调整，如比特率改变和帧率改变等，转码前后视频编码标准并未发生改变。近年来，随着不同的视频编码标准相继被提出，转码过程也可能包含不同编码标准之间的转换，如 MPEG-2 到 H.264 的转码、H.264 到 HEVC 的转码等。

8.2.4　方法局限性分析

现有的重编码视频检测技术仍存在诸多局限性，面临如下关键问题。

（1）内容去相关性

不同视频内容（如具有静止背景的视频和具有全局运动背景的视频）的编码系数具有截然不同的特性。现有算法缺乏对特定视频内容的重编码痕迹的针对性分析，对不同视频内容均采用统一的检测流程。由于没有充分考虑视频内容特性对重编码痕迹造成的影响，在实际应用中，算法的表现参差不齐。

（2）多特征融合检测

现有算法从不同角度提出重编码视频检测算法，包括以像素域痕迹和以压缩域重编码痕迹为依据的检测算法。然而，大多数算法仅对单一类型的重编码痕迹进行检测，难以应对多样的编码参数和视频内容。

（3）细粒度检测

现有算法只提供视频级检测结果，即判断整段输入视频是否经历重编码。由于无法提供细粒度的帧级别重编码痕迹分析结果，现有算法难以为后续取证分析提供更为精确的辅助信息。

8.3 数字视频重编码的被动检测过程分析及失真模型

8.3.1 数字视频重编码的被动检测过程分析

尽管数字视频重编码的被动检测方法多种多样，其被动检测的一般过程却大同小异。通常，数字视频重编码的被动检测过程可以被分为 3 种类别，即基于时域分析的方法、基于机器学习的方法及基于深度学习的方法。前两种方法依赖手工特征的构造，而基于深度学习的方法仅仅依靠数据驱动让模型自动学习潜在的特征。

常规的基于时域分析的数字视频重编码被动检测一般过程如图 8-2 所示，首先利用编解码工具将输入视频解帧，并在解码过程中，从视频帧或码流中提取像素域或编码域特征，如光流特征、预测残差特征、运动向量特征、预测模式特征等。之后，可以采取一系列后处理手段对特征序列进行加工，并对特征序列进行时间域的峰值或周期性分析，衡量其与真实视频特征分布间的差异，以进一步验证输入序列是不是原始视频。该方法的关键在于如何选取一个或多个有效特征。

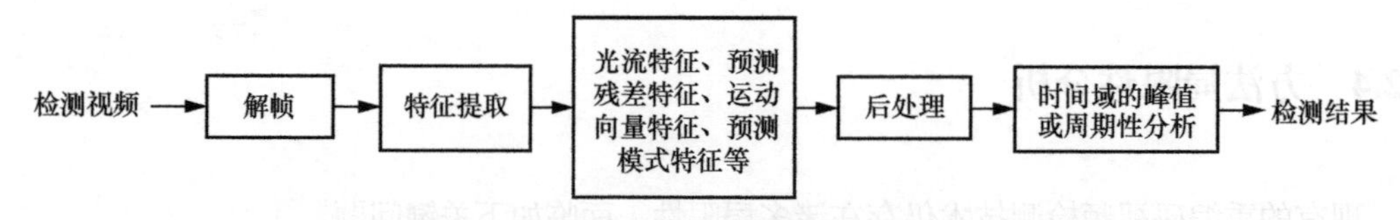

图 8-2 常规的基于时域分析的数字视频重编码被动检测一般过程

基于机器学习的数字视频重编码被动检测一般过程如图 8-3 所示，包含训练和测试两个阶段。在训练阶段，先将提取的手工特征，经过诸如滤波、归一化处理后形成特征向量，再对这些向量标定标签进行分类。这类方法采用从编码域或像素域提取的手工特征。在测试阶段，需要对输入数据提取特征向量并送入分类模型，最终利用分类器得到输入数据的类别。该方法的难点在于如何提取合适的特征，以及分类器的选择。

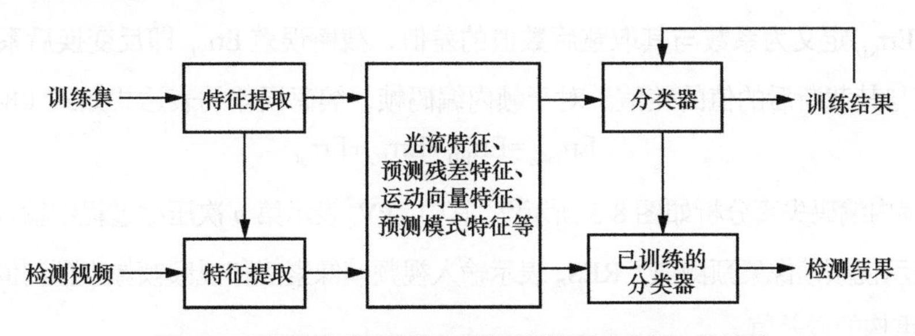

图 8-3　基于机器学习的数字视频重编码被动检测一般过程

基于深度学习的数字视频重编码被动检测一般过程如图 8-4 所示，该方法不需要提取手工特征，仅通过数据驱动深度神经网络学习真实视频与非真实视频之间的差异。在将数据加载到网络前，进行一定的数据预处理操作，如提取高频分量、截取图像组序列或设置固定数量帧为输入，以利于网络更好地学习。当然，在最后的检测环节，必然需要通过聚合的方式将块级别的结果转换到视频级别。预处理和后置聚合过程也需要对测试样例进行设置。基于深度学习的数字视频重编码被动检测方法的难点在于如何采取有效的预处理操作来提升网络的学习能力及如何设计结构合理的网络。

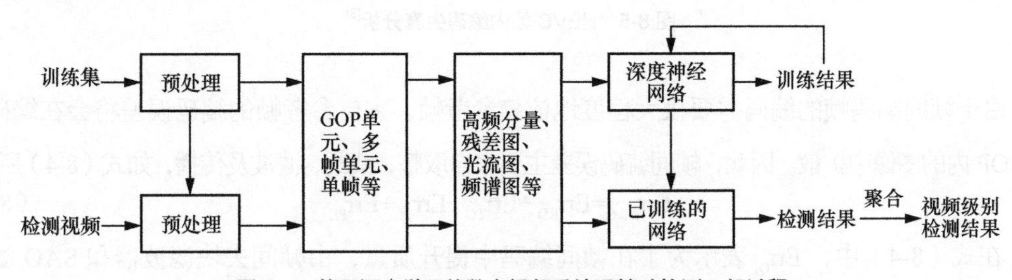

图 8-4　基于深度学习的数字视频重编码被动检测一般过程

8.3.2　基于 HEVC 的视频重编码的失真过程分析

无论重编码方式如何，重编码后的视频始终包含两类帧，即帧内编码的帧和帧间编码的帧，接下来,结合两类帧在预测模式和编码方式上的特点,对基于 HEVC 的视频重编码失真模型进行分析。HEVC 包含帧内和帧间两类预测机制。帧内预测编码主要在某一帧内基于块的空间数据进行预测。其主要过程遵循混合编码架构有损编码模式，即图像以块的方式被分割为更小的编码树单元（CTU），CTU 可以进一步被划分为编码单元（CU）。对于每一个 CU，通过帧内预测获取残差块，并对残差数据执行离散余弦变换、离散正弦变换。接着，系数将继续经历量化、熵编码的操作。类似地，编码误差 Err_{coding} 可以被分为帧内编码误差 Err_{intra} 及帧间编码误差 Err_{inter}，如式（8-2）所示。

$$Err_{coding}=Err_{intra}+Err_{inter} \tag{8-2}$$

总体而言，影响帧内编码误差的因素主要有 3 类，包括量化取整、截断及滤波操作。可以将取整误差 Err_{RD} 定义为系数与其取整后数值的差值，截断误差 Err_{TC} 即反变换后系数数值超过 [0,255] 的值与其截断后的值的差值。对于帧内编码帧，编码误差的表达式如式（8-3）所示。

$$Err_{intra}=Err_{RD}+Err_{TC}+Err_{QI} \tag{8-3}$$

HEVC 帧内编码失真分析如图 8-5 所示[8]。其中，PV_n 表示第 n 次压缩过程中输入视频帧像素值，PRE_n 表示视频帧像素预测值，RES_n 表示输入视频帧像素值和视频帧像素预测值的残差值，RES_n^{RT} 表示重构的残差值。

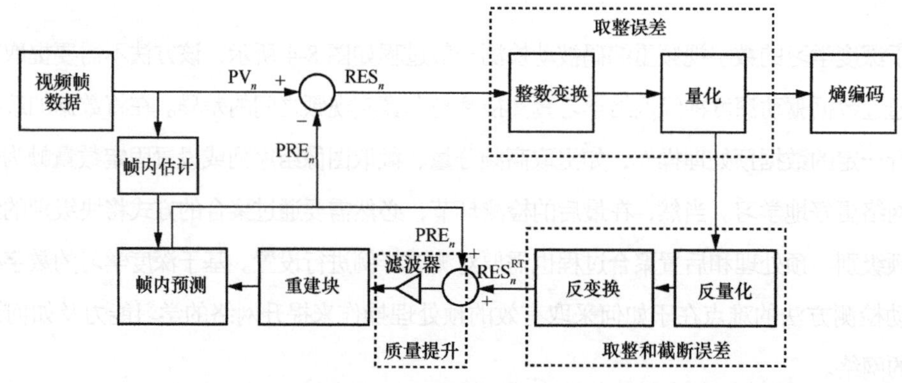

图 8-5 HEVC 帧内编码失真分析[8]

由于帧间编码帧的编码需要极大程度地依赖参考帧，来自参考帧的编码误差将会在编码时在 GOP 内的图像中扩散。因此，帧间编码误差主要来自取整、截断、滤波及传播，如式（8-4）所示。

$$Err_{inter}=Err_{RD}+Err_{TC}+Err_{QI}+Err_{PE} \tag{8-4}$$

在式（8-4）中，Err_{QI} 表示为了在帧间编码中提升质量，由帧间去块滤波器和 SAO 滤波器引起的误差。Err_{PE} 代表参考帧传播的误差。在视频编码中，Err_{PE} 只会在当前 GOP 内传播，从而实现误差控制。HEVC 帧间编码失真分析如图 8-6 所示[8]。

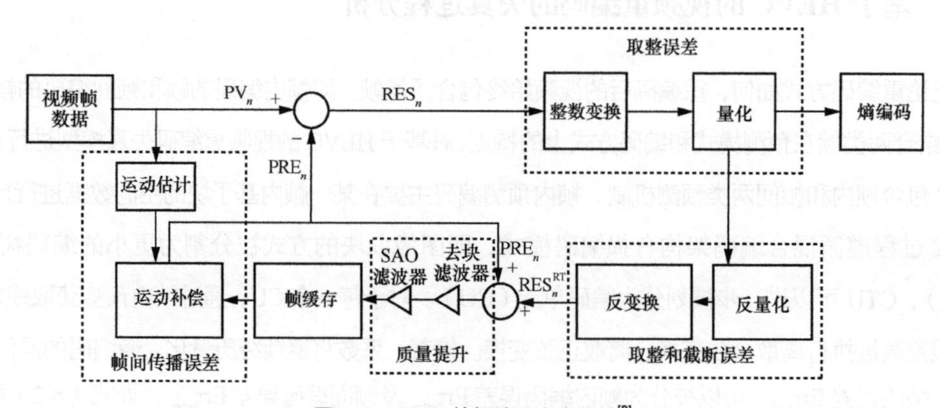

图 8-6 HEVC 帧间编码失真分析[8]

8.3.3　基于 HEVC 的视频重编码的失真过程模型

在基于 HEVC 的视频重编码过程中，编码误差会导致视频发生一定程度的失真，为了体现失真与编码的关系，假设使用 HEVC 来编码参数为 Q_0 的原始 YUV 序列 $\mathcal{Y}_0$ 获取编码视频 $\mathcal{V}_1$。接着利用 HEVC 解码器解码 $\mathcal{V}_1$ 以获得 YUV 序列 $\mathcal{Y}_1$，接着重新对 $\mathcal{Y}_1$ 编码以得到视频 $\mathcal{V}_2$。重复这一系列操作 n 次，以获得一系列编码视频 $\mathcal{V}_i(i=1,2,\cdots,n)$。为了衡量其中视频的失真，分别计算视频的平均峰值信噪比（PSNR）及 $\mathcal{Y}_0$ 和 $\mathcal{V}_i$ 视频 I 帧、P 帧、B 帧的 PSNR。这里同时利用一个实例来验证，在本例中，采用量化参数 $\mathrm{QP}\in\{10,20,30,40\}$，对序列 $\mathcal{Y}_0$ 连续进行 5 次编码，重编码对视频质量及不同类型帧的视觉质量的影响如图 8-7 所示[8]。从图 8-7 中可以看出，多次编码会导致 PSNR 存在一定程度的下降，单次编码和重编码的 PSNR 的下降程度远远明显于后续的一系列编码。图 8-7（b）中的结果显示，I 帧的 PSNR 值高过 B 帧、P 帧的 PSNR 值，但对于 PSNR 下降趋势而言，I 帧的值相比于其他类型的帧具有更显著的质量下降现象。主要的原因在于：① 帧内编码帧是不以额外帧作为参考的独立编码帧，而帧间编码帧则将其他类型帧作为编码的依据，帧间编码会引起编码误差在帧与帧之间发生干涉，进而在 P/B 帧中引入新的失真；② 基于 HEVC 的视频重编码对帧内的预测模式有着极大的影响。

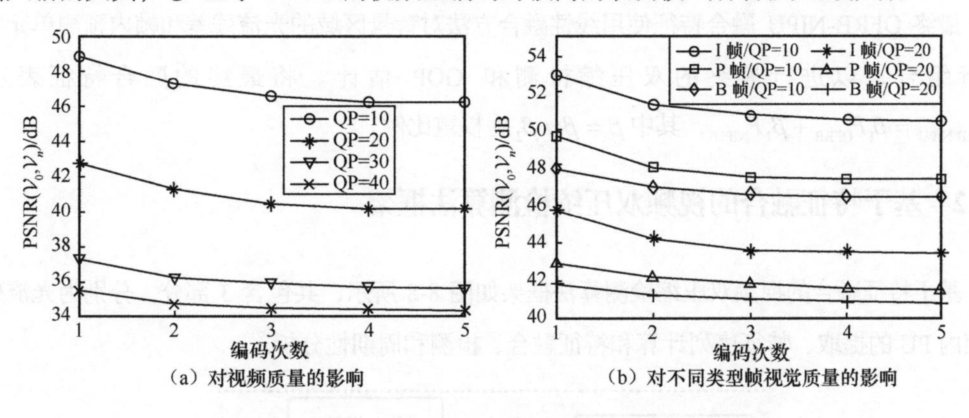

（a）对视频质量的影响　（b）对不同类型帧视觉质量的影响

图 8-7　重编码对视频质量及不同类型帧的视觉质量的影响[8]

8.4　基于 HEVC 的视频重编码的被动检测方法

8.4.1　特征模型

本节将介绍一种基于特征融合的视频双压缩检测方法[9]，该方法提取两种有效反映周期性伪造痕迹的特征，并对两者进行融合来实现检测。

第一个特征模型为背景区域的光流残差（OFRB）。在该模型中，采用 LK 稀疏光流算法[10]提取帧间光流，表示为 $\mathrm{OF}_n = \mathrm{LK}(D_{n-1}, D_n)$，其中 D_n 表示视频的第 n 帧。通过该算法得到经双压缩二次解码的帧间光流特征，如式（8-5）所示。

$$F_{\mathrm{OFRB}}(n) = \mathrm{OF}_n - \mathrm{OF}_{n-1} = \mathrm{LK}\left(D_{n-1}^{\mathrm{2nd}}, D_n^{\mathrm{2nd}}\right) - \mathrm{LK}\left(D_{n-2}^{\mathrm{2nd}}, D_{n-1}^{\mathrm{2nd}}\right) \quad (8\text{-}5)$$

式（8-5）表示第 n 帧背景的光流残差，其中 D_n^{2nd} 表示第二次编码的 YUV 序列的第 n 帧。这种特征能够反映 I-P 帧光流的周期性异常，提取这种连续的光流差，能够有效地消除视频中不同时间段物体运动幅度差异的影响。

第二个特征模型为帧内预测单元数量（NIPU）。光流能够反映图像域在 I-P 帧中的周期伪影，但是并不涉及 HEVC 过程中的信息。因此在该模型中采用了编码域特征，提取特征的表达式如式（8-6）所示。

$$F_{\mathrm{NIPU}}(n) = F_{\mathrm{IPU}}^{2}(n) = \mathcal{M}\left(\mathrm{de}\left(\sqsupset\left(F_{\mathrm{IPU}}^{1}(n-1)\right)\right), F_{\mathrm{IPU}}^{2}(n-1)\right) \quad (8\text{-}6)$$

式（8-6）表示第 n 帧在二次压缩后的帧内预测单元数量，其中 $F_{\mathrm{IPU}}^{1}(n)$ 和 $F_{\mathrm{IPU}}^{2}(n)$ 表示在第一次和第二次压缩后的帧内预测单元数量，$\mathcal{M}(\cdot,\cdot)$ 表示 P 帧的模式预测方法，$\mathrm{de}(\cdot)$ 表示从 HEVC 到 YUV 序列的双压缩过程，$\sqsupset(\cdot)$ 表示 I 帧的内部预测方法。

最终 OFRB-NIPU 融合特征使用线性融合方法对背景区域的光流残差和帧内预测单元数量进行组合，以进行最终的双压缩检测和 GOP 估计。将最终的融合特征表示为 $F_{\mathrm{OFRB\text{-}NIPU}} = \beta_1 F_{\mathrm{OFRB}} + \beta_2 F_{\mathrm{NIPU}}$，其中 $\beta = \beta_1 / \beta_2$ 为权重比例。

8.4.2 基于特征融合的视频双压缩检测算法框架

基于特征融合的视频双压缩检测算法框架如图 8-8 所示，共包含 3 部分，分别为光流残差和帧内 PU 的提取、特征序列计算和特征融合、检测和周期性分析。

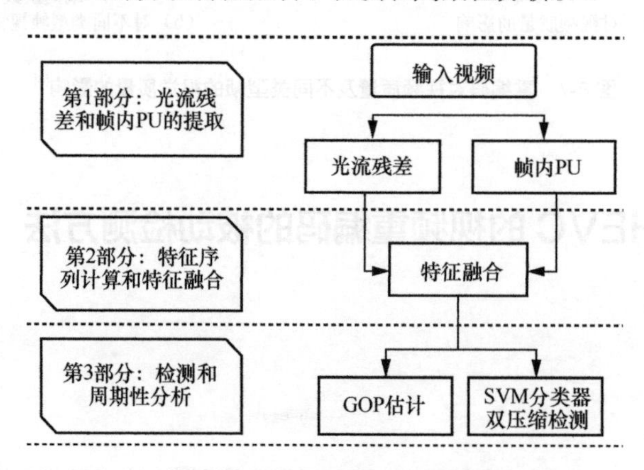

图 8-8 基于特征融合的视频双压缩检测算法框架

8.4.3　基于特征融合的视频双压缩检测算法步骤

第 1 步：提取特征 F_{OFRB} 和 F_{NIPU}。使用背景提取算法消除前景光流，因此对于 F_{OFRB}，从 100 帧中只提取 98 个光流残差，并进行零填充。两个特征序列的长度都为 100，如式（8-7）和式（8-8）所示。

$$F_{\mathrm{OFRB}}=\{0,0,\cdots,F_{\mathrm{OFRB}}(n-1),F_{\mathrm{OFRB}}(n),\cdots\} \tag{8-7}$$

$$F_{\mathrm{NIPU}}=\{\cdots,F_{\mathrm{NIPU}}(n-1),F_{\mathrm{NIPU}}(n),\cdots\} \tag{8-8}$$

第 2 步：中值滤波和特征融合。为了移除序列的噪声，算法使用中值滤波进行处理，如式（8-9）和式（8-10）所示。

$$F_{\mathrm{MF}}=\mathrm{median}\{F(n-1),F(n),F(n+1)\} \tag{8-9}$$

$$F(n)=\max\{F(n)-F_{\mathrm{MF}}(n),0\} \tag{8-10}$$

其中，$F(n)$ 为 F_{OFRB} 或 F_{NIPU} 的第 n 帧。将 OFRB 和 NIPU 组合得到最终的 OFRB-NIPU 融合特征。

第 3 步：针对双压缩检测的 SVM 分类器。在得到融合特征后，算法将该特征输入 SVM 分类器中进行双压缩视频分类。在 SVM 分类器中采用径向基核函数（RBF）计算样本相似度。RBF 如式（8-11）所示。

$$K(x,y)=\mathrm{e}^{-\gamma\|x-y\|^2} \tag{8-11}$$

其中，x 和 y 是两个样本，γ 是超参数，最大迭代次数为 15000。

第 4 步：GOP 估计。根据周期性分析法，c 作为原始 GOP 候选集通过 $F_{\mathrm{OFRB\text{-}NIPU}}$ 计算，接着计算每个候选的 $\Phi(c)$ 的适应值，原始的 GOP 估计如式（8-12）所示。

$$\hat{G}_{\mathrm{first}}=\mathrm{argmax}\,\Phi(c) \tag{8-12}$$

8.4.4　实验与分析

（1）实验设定

实验数据集包含 25 个原始 YUV 高清序列和视频。为了扩大数据集，以 100 帧为单位对 25 个原始 YUV 序列进行切分，所有的视频序列只选取前 500 帧，最终共获得 125 个原始 YUV 切片视频序列。将权重 $\beta=\beta_1/\beta_2$ 设置为 100。以 ROC 曲线下面积（AUC）和准确率（ACC）来评估算法性能。

（2）双压缩检测

将 OFRB-NIPU 方法与 Chen 等[11]和 Xu 等[12]的方法进行比较，其中 Chen 等提出一种非对齐的 GOP 双压缩检测方法，Xu 等提出一种 SN-PUPM 特征的双压缩检测方法。双压缩检测方法的 AUC 比较如表 8-4 所示。

表 8-4　双压缩检测方法的 AUC 比较

方法	AUC
OFRB-NIPU[9]	0.9707
OFRB[9]	0.8516
NIPU[9]	0.9504
Xu 等[12]的方法	0.9248
Chen 等[11]的方法	0.9045

可以看到，融合后的特征有了更好的性能，并且 OFRB-NIPU 方法与 Xu 等的方法相比，AUC 提高了 0.0459，与 Chen 等的方法相比，AUC 提高了 0.0662。可以从两方面解释该结果：首先，双压缩在图像域和编码域都会留下痕迹，因此相比检测单一域上的特征，OFRB-NIPU 方法提出的融合特征更加有效；其次，SVM 训练的样本是连续的视频特征序列，因此在帧中双压缩造成的痕迹能够被更好地学习。

（3）GOP 估计

得到首次编码的 GOP 尺寸对于视频分析而言是非常重要的。首次 GOP 估计的性能反映在平均准确率上。实验中使用了 32000 个双压缩视频序列。GOP 估计的平均准确率比较如表 8-5 所示，可以看到，OFRB-NIPU 方法的性能相比 Xu 等的方法，准确率提高了 1.20%，相比 Chen 等的方法，准确率提高了 4.09%，表明 OFRB-NIPU 方法提出的融合特征能更好地突显压缩痕迹，比之前的工作更加有效。

表 8-5　GOP 估计的平均准确率比较

方法	平均 ACC
OFRB-NIPU[9]	87.16%
Xu 等[12]的方法	85.96%
Chen 等[11]的方法	83.07%

8.5 数字视频篡改第三方数据库

近 20 年来，国内外研究人员进行了大量的基础工作，纷纷开发并开放了自主研发的篡改数据库，以供学者进行算法测试。一些数字视频篡改第三方数据库信息如表 8-6 所示。随着硬件设备的升级及视频编辑技术的发展，视频篡改数据库的规模越来越大、篡改类型越来越丰富、篡改逼真度越来越高。

表 8-6　数字视频篡改第三方数据库信息

数据库名称	发布时间	视频数量（真实/伪造）	篡改方式
中山大学 SYSU-OBJFORB[13]	2016 年	100/100	帧篡改
华南理工大学 VFDD2.0[14]	2017 年	990/560	帧间/帧内篡改
FaceForensics++[15]	2019 年	1000/5000	AI 换脸
WildDeepfake[16]	2020 年	3805/3509	AI 换脸
Celeb-DF[17]	2020 年	590/5639	AI 换脸
DFDC	2020 年	23950/104500	AI 换脸

中山大学 SYSU-OBJFORB 数据库[13]包含 100 个原始视频片段和相应的 100 个篡改视频片段。这些视频片段都是 3 Mbit/s、分辨率为 1280 像素×720 像素（720P）的 H.264/MPEG-4 编码视频流。

华南理工大学 VFDD1.0 数据库包含 12 台设备在 8 种不同场景下拍摄的原始视频 505 个，对其编辑后得到篡改视频 135 个，共计 640 个视频。VFDD2.0[14]包含 15 台设备在 8 种不同场景下拍摄的原始视频 990 个，并选择了其中的 262 个视频进行编辑，得到篡改视频 560 个，共计 1550 个。

FaceForensics++[15]数据库是一个综合型的人脸深度伪造视频数据库，该数据库包含 1000 个来自 YouTube 的原始真实视频，并且采用 DeepFakes、Face2Face、FaceSwap 和 NeuralTextures 这 4 种伪造方法分别生成了 1000 个人脸伪造视频。后来该数据库又新添加了使用 FaceShifter 方法生成的 1000 个人脸伪造视频。

WildDeepfake[16]数据库收集了来自互联网的 707 个视频，并从中提取了 7314 帧人脸图像。该数据库中的样本均来自互联网各个视频网站，是极具代表性的在真实世界中传播的人脸伪造视频。

Celeb-DF[17]数据库是一个大规模的人脸伪造视频数据库，该数据库针对过去伪造视频不稳定、质量差的缺点进行改进，生成了 5639 个高质量的人脸伪造视频。

DFDC 数据库是 Facebook 组织的著名的深度伪造检测竞赛的赛事数据，该数据库包含超过 12 万个视频，其中的原始视频是由 3426 个演员专门录制的。该数据库使用了多种伪造方法和后处理方法，使得生成的伪造人脸看起来更加真实。

8.6　本章小结

本章首先介绍了重编码攻击，视频重编码指的是篡改者将视频解帧，在篡改数据内容后，再一次对数据进行编码。只要经历过二次重编码，无论编码器是否相同，视频文件都会留下细微的重编码痕迹。接着本章对检测数字视频重编码攻击的痕迹线索进行分类总结，包括在空时域、像素域和压缩域的痕迹。按照视频编码参数在重编码过程中不同的设置情况，可以从多个方面探索分析数字视频重编码攻击的痕迹，即 GOP 结构对齐、GOP 结构错位、存在帧率变化、存在异质转码过程等。尽管视频重编码的被动检测方法多种多样，其被动检测的一般过程却大同小异。通常，数字视频重编码的被动检测过程可以被分为 3 种类别，即基于时域分析的方法、基于机器学习的方法及基于深度学习的方法。前两种方法依赖手工特征的构造，而基于深度学习的方法仅仅依靠数据驱动让模型自动学习潜在的特征。随后，本章对基于 HEVC 的视频重编码引起的误差进行失真分析，基于 HEVC 的视频编码包含帧内和帧间两类预测机制。帧内编码误差的因素主要有 3 类，包括量化取整、截断及滤波操作；帧间编码误差主要来自取整、截断、滤波及传播。本章通过一个实践案例展示重编码检测的具体流程，介绍了一种基于特征融合的视频双压缩检测算法，通过提取两种有效反映周期性伪造痕迹的特征（第一个特征模型为背景区域的光流残差，第二个特征模型为帧内预测单元数量），并对两者进行融合来实现检测。最后，本章介绍了一些常用的数字视频篡改第三方数据库及评价指标。

至此，数字媒体取证学理论和被动检测技术的实践应用案例分析已经介绍完毕。本书内容仅仅是对本学科的基础知识和技术的介绍，还有更丰富的新知识出现在不断被发表的论文和专利成果中。希望本书能帮助信息安全专业、计算机专业、人工智能专业等的学生、工程师等入门数字媒体取证学。作者会持续更新本书内容，以及另外编写媒体信息安全类图书。

本章习题

一、术语解释

重编码

二、简答题

1. 重编码检测有哪些可利用的线索？
2. 造成 HEVC 帧内和帧间编码失真的因素有哪些？
3. 现有的重编码检测技术有哪些局限性？

三、简述题

1. 重编码攻击的一般过程是怎样的？
2. 重编码被动取证的一般过程是怎样的？

四、编程题

1. 编程实现图像或视频 RGB 空间与 YUV 空间的转换。
2. 利用 FFMPEG 抽取视频流。

3. 利用 OpenCV 中的开源算法 calcOpticalFlowPyrLK()计算帧间光流。

参考文献

[1] LUKAS J, FRIDRICH J. Estimation of primary quantization matrix in double compressed JPEG images[C]//Proceedings of the Digital Forensic Research Workshop. [S.l:s.n.], 2003: 5-8.

[2] VAZQUEZ-PADIN D, FONTANI M, BIANCHI T, et al. Detection of video double encoding with GOP size estimation[C]//Proceedings of 2012 IEEE International Workshop on Information Forensics and Security (WIFS). Piscataway: IEEE Press, 2012: 151-156.

[3] HE P S, SUN T F, JIANG X H, et al. Double compression detection in MPEG-4 videos based on block artifact measurement with variation of prediction footprint[C]//Proceedings of the International Conference on Intelligent Computing. Cham: Springer, 2015: 787-793.

[4] HE P S, JIANG X H, SUN T F, et al. Detection of double compression in MPEG-4 videos based on block artifact measurement[J]. Neurocomputing, 2017, 228: 84-96.

[5] XIA M, YANG G B, LI L D, et al. Detecting video frame rate up-conversion based on frame-level analysis of average texture variation[J]. Multimedia Tools and Applications, 2017, 76(6): 8399-8421.

[6] BESTAGINI P, BATTAGLIA S, MILANI S, et al. Detection of temporal interpolation in video sequences[C]//Proceedings of 2013 IEEE International Conference on Acoustics, Speech and Signal Processing. Piscataway: IEEE Press, 2013: 3033-3037.

[7] BESTAGINI P, BATTAGLIA S, MILANI S, et al. Detection of temporal interpolation in video sequences[C]//Proceedings of 2013 IEEE International Conference on Acoustics, Speech and Signal Processing. Piscataway: IEEE Press, 2013: 3033-3037.

[8] 许强. 基于编码痕迹分析的 HEVC 视频被动取证算法研究[D]. 上海: 上海交通大学, 2021.

[9] WU Q Y, SUN T F, JIANG X H, et al. HEVC double compression detection with non-aligned GOP structures based on a fusion feature with optical flow and prediction units[C]//Proceedings of 2019 12th International Congress on Image and Signal Processing, BioMedical Engineering and Informatics (CISP-BMEI). Piscataway: IEEE Press, 2019: 1-6.

[10] LUCAS B D. An Iterative Technique of Image Registration and its Application to Stereo[C]//Proceedings of the 7th International Joint Conference on Artificial Intelligence. [S.l:s.n.], 1981: 674-679.

[11] CHEN S, SUN T F, JIANG X H, et al. Detecting double H.264 compression based on analyzing prediction residual distribution[C]//Proceedings of the International Workshop on Digital Watermarking. Cham: Springer, 2017: 61-74.

[12] XU Q Y, SUN T F, JIANG X H, et al. HEVC double compression detection based on SN-PUPM feature[C]//Proceedings of the International Workshop on Digital Watermarking. Cham: Springer, 2017: 3-17.

[13] CHEN S D, TAN S Q, LI B, et al. Automatic detection of object-based forgery in advanced video[J]. IEEE Transactions on Circuits and Systems for Video Technology, 2016, 26(11): 2138-2151.

[14] 胡永健, AL-HAMIDI S, 王宇飞, 等. 视频篡改检测数据库的构建及测试[J]. 华南理工大学学报(自然科学版), 2017, 45(12): 57-64.

[15] RÖSSLER A, COZZOLINO D, VERDOLIVA L, et al. FaceForensics: learning to detect manipulated facial images[C]//Proceedings of 2019 IEEE/CVF International Conference on Computer Vision (ICCV). Piscataway: IEEE Press, 2019: 1-11.

[16] ZI B J, CHANG M H, CHEN J J, et al. WildDeepfake: a challenging real-world dataset for deepfake detection[C]//Proceedings of the 28th ACM International Conference on Multimedia. New York: ACM Press, 2020: 2382-2390.

[17] LI Y Z, YANG X, SUN P, et al. Celeb-DF: a large-scale challenging dataset for DeepFake forensics[C]//Proceedings of 2020 IEEE/CVF Conference on Computer Vision and Pattern Recognition (CVPR). Piscataway: IEEE Press, 2020: 3204-3213.

第9章

总结

本书面向全日制本科生、研究生专业前沿技术实践类课程所撰写，因此对内容进行了筛选和限定。本书共9章，聚焦数字媒体取证学原理和应用实践内容，其中主动取证检测技术涉及密码学、数字水印技术等其他学科，暂时不纳入本书范围内。本书主要聚焦数字媒体取证学的理论介绍、攻击方法和原理，以及被动取证方法应用实践。本书所涉及的内容属于国际前沿热点研究，目前该研究方向的理论体系、方法论、标准等还在不断发展和变化，因此，本书的目的在于对当下学科理论成果和应用实践案例进行整理、归纳和系统化总结，助力全面培养信息安全等领域的人才，让更多、更新的前沿知识进入信息安全领域的学科体系。

数字媒体内容安全防御技术是我国信息安全领域的重要分支之一。而数字媒体主动和被动取证检测技术是内容安全防御技术中的重要分支。本书第1章和第2章对取证学的起源与发展历史进行了介绍，阐述了自传统取证技术到数字媒体取证技术的演变、数字媒体取证学的研究意义和目标、数字取证学的基础理论、数字取证学与其他学科的关系等一系列内容。第3章、第4章、第5章则针对数字媒体中最为常见的3类数字媒体载体形式，即数字音频、数字图像和数字视频编码标准的基本原理、攻击方法及防御方法进行了详细的阐述与介绍；而第6章、第7章、第8章则分别介绍了数字音频、数字图像和数字视频被动取证方法的应用实践，详细阐述针对某种具体攻击的防御方法的结构框架、步骤和实验结论等内容。第9章是全书总结。

9.1 数字媒体取证学的特色与局限性

数字媒体取证学是一门综合性学科。数字媒体取证学与密码学、数字水印、模式识别、人工智能等学科之间都有着深层次的联系。

9.1.1 学科特色

1. 与密码学有着密切联系，但有不同的保护作用

密码学是公认的信息安全保护手段，对原始信息，尤其是文本类信息的防御性能优秀，但其一旦解密后，就无法持续保护信息安全。而且像数字媒体类文件，其在传播过程中需要被潜在用户查看内容，加解密的方式会额外增加网络传输的负担和算力的负担，也会存在泄密的风险。因此，需要一种不仅可以供人查看，也可以持续跟踪媒体的发布、鉴定媒体版权、溯源媒体篡改等的信息安全保护方法。

2. 与数字水印技术的区别在于不需要先验知识

数字水印技术与被动取证检测技术都属于取证学的范畴，但是数字水印技术注重在原始信息媒体上增加显式或隐式的版权信息，而且需要第三方认证机构来鉴定保护载体的原始性和真实性。而被动取证检测技术不需要先验知识，即可以在无法获得原始信息的前提下，从数据分析到统计分析，从机器学习分类器到人工智能深度模型方法，深层次地分析数字媒体数据分布一致性、特征模式一致性、语义标签一致性等，鉴定网络上传播的海量数字媒体的原始性、真实性、唯一性。

3. “借他山之石”可攻本领域的难点问题

数字媒体取证学，无论是主动取证技术还是被动取证技术，既有自身的理论和方法，又可以融合更多其他学科的理论和方法，如数字媒体处理技术、统计学、机器学习、深度学习、模式识别等。数字媒体取证学具有很强的融合能力，可以把多种数学方法融入取证检测的过程中，起到攻击检测、分析、识别、定位、篡改溯源等作用。

9.1.2 学科局限性

数字媒体取证学学科的发展目前还处于初级阶段，理论体系还不完善，方法论尚不完备，技术仍然需要持续发展和迭代。其局限性大致有以下几方面。

（1）攻击种类多样性和编码标准复杂性问题。目前，数字音频、图像、视频的编码标准较多，开源和商业编码器种类繁多，如 MPEG-x 编码标准系列、H.26X 编码标准系列、AVS-x 编码标准系列等。数字编辑工具和算法繁多，从 Adobe 全家桶到 Deepfake 工具，从人工编辑到自动编辑，从商业软件到个人爱好者的算法，各种媒体可能遭受的篡改模型和对抗攻击方式也多种多样，这给数字媒体取证检测方法带来了极大的困难和挑战。

（2）现有数字媒体取证学理论基础尚不完善。数字媒体取证学无论是主动取证方法，还是被动取证方法都还不完善，在基础理论研究中还存在着大量的空白领域。尤其是随着深度学习模型与编解码、攻击方法的融合，数字媒体取证难度大幅度提升，而相关研究刚刚起步；在传统方法中，通用的、高效的取证理论和检测方法比较稀缺；数字媒体攻击类型识别、攻击定位、攻击溯源等技术仍处在初级发展阶段。

（3）相关学科目前处在研究的初级阶段，相关的专著和教材稀缺，不利于更多的人才进入该领域的研究。本书希望能起到抛砖引玉的作用，对该学科做出一定贡献。

9.2 数字媒体取证学的发展趋势

数字媒体取证学是一个将理论与实践紧密结合的学科，既需要坚实的理论支撑，也需要实用的技术满足应用需求。

9.2.1 学科发展趋势

数字媒体取证学未来的发展方向要以国家需求为导向，以学科建设为基础，以人才培养为目标，可归纳为以下 3 个方面。

（1）深入数字媒体取证学理论研究，撰写相关研究的论文、专利、教材、专著、国家标准、法律法规等，形成自主的理论体系和完善的学科体系。

（2）满足国家需求，建设数字媒体取证学的科研、教学、商业化服务平台及取证工具系统，对重大国际安全事件中数字媒体真实性追本溯源，打赢国外恶意的舆论战和认知战。

（3）“以人为本”，培养大量的信息安全领域人才。不仅要培养高校的专业型人才，也要培养相关企业的实践型人才。做到全社会信息安全知识的普及和社会专业人才的再培养。

9.2.2 应用领域

目前国内外出现了大量数字媒体取证的应用场景，具体如下。

（1）各个国家的官方媒体信息发布场景。例如，美国 CNN 公司、英国 BBC 公司等利用各种数字媒体编辑手段，捏造各种诋毁他国的官方新闻。而数字媒体取证可以作为辟谣和认知战的有力“武器”。

（2）各个社交媒体公司信息发布场景。例如，社交媒体工具上会发布各类社会新闻和社交信息，其中充斥了大量的虚假、伪造信息。数字媒体取证可以减少网民因数字媒体造假而蒙受的经济损失和精神损失。

（3）各个国家的法院、检察院、公安机关等的数字证据应用场景。已经有很多国家陆续发布了与数字证据相关的法律法规。在我国，数字证据已经成为公检法机关可以采纳的重要证据形式之一。作为支撑技术，数字媒体取证成为捍卫司法公正的一道屏障。

（4）打击新型数字犯罪的场景。例如，利用数字媒体编辑工具对保单进行造假以达到骗保的目的，利用图片造假进行身份诈骗，利用伪造虚拟视频进行绑架敲诈勒索等，传统的方法和人工检查的方法已经无法满足当下社会需求。数字媒体取证技术可以无缝连接到现有的数字安防系统中，增强对此类新型犯罪的发现和预警，减少人民财产损失和名誉损失。

9.3 展望

本书是在国际上数字媒体内容安全出现巨大挑战的前提下应运而生的。撰写本书的目的是把数字媒体内容安全风险提示给读者，同时希望更多的年轻人和专家加入这一领域的研究，研制相关产品，保护我们国家的信息安全和人民的财产安全。

最后，衷心感谢读者阅读本书，提出宝贵意见！本书将不断更新版本，增加理论内容、案例分析，把最新、最优的成果呈现给广大读者！